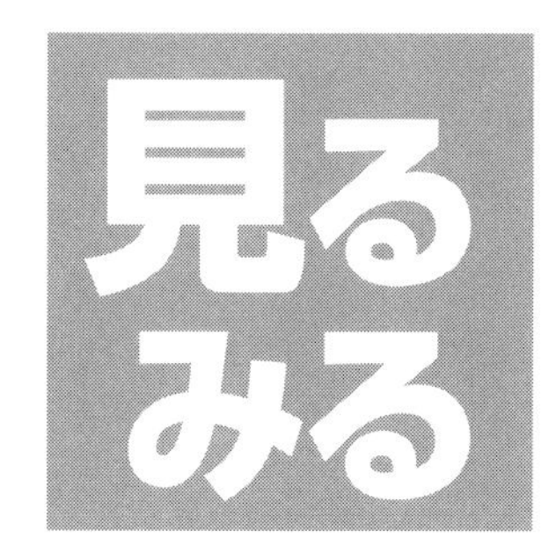

ISO 9001

イラストとワークブックで要点を理解

深田　博史
寺田　和正　著
寺田　　博

日本規格協会

はじめに

1993年からISO 9001などのコンサルティング・研修業務を行っていますが，ISO 9001導入が効果的に進んでいる（ISO 9001導入が本業に貢献している）企業・組織の主な特徴には次項があげられます．

① **現場に浸透している**
ISO活動が一部の人(事務局，委員)のみの活動になっていない．

② **実務の一部になっている**
本業のしくみ（例：本業の目的，実務の進め方）とISO 9001に基づくしくみ（例：業務基準を定めた文書類）がピタリと整合している．

③ **文書が少ない，わかりやすい**
使っていない文書が少なく，専門的で難しい文書が少ない．

本書は，まず“①現場への浸透”を目指しており，社内勉強会などで現場の皆様が，最初はイラストだけを“見て”イメージをつかんでから読み進めていただければ幸いです．

ぜひ，パラパラパラと，楽しく読み飛ばしてください．いざっ！

著者代表　株式会社エフ・マネジメント　深田　博史

注記：本書で著者独自の考え方を付加した箇所に“見るみる”という愛称を用いています（例：見るみるQモデル）．

目　次

本書の使い方

本書は，各組織の現場の担当者が自主勉強や社内勉強会などで ISO 9001（JIS Q 9001）の規格の概要を理解し，自社・組織の品質マネジメントシステム［QMS（品質に取り組むしくみ)］を推進する際の重要ポイントの理解を深めることを主な目的としています．

本書は，次のような場面で活用することができます．

① 担当者による ISO 9001 の重要ポイントの確認

イラストを中心に本書を見ていくと，ISO 9001 の重要ポイントをイメージすることができます．そして自分自身の業務を考慮しながら，本書のワークシート欄に記入していけば，QMS で自身が注目すべき事項の理解をさらに深めることができます．

② 推進事務局，委員による ISO 9001 の現場への展開

自社の QMS の基盤である ISO 9001 の重要ポイントを現場に展開できます．また“第４章 見るみる Q 資料編”を自社の QMS 推進のヒントとして活用できます．

③ 経営層・管理者による俯瞰(ふかん)的な視点での経営層関連事項の確認

本書で ISO 9001 規格の重要ポイントを俯瞰的に把握した上で，経営層，管理者（管理責任者）に該当する箇所を重点的に確認できます．

注記：本書の ISO 9001 の解説は，担当者向けに重要事項を抜粋した内容としています（全てを網羅しているわけではありません）．また ISO 9001 の理解および活用を促進するために，規格の表記を担当者向けの平易な言葉に一部アレンジし，例や著者独自の説明を補記しています．

第1章 ISO 9001とは，リスク・機会とは

1.1　ISO 9001とは？
1.2　なぜ標準化を進めるか？
1.3　リスクと機会

1.1　ISO 9001 とは？

①　ISO とは？

★国際標準化機構（International Organization for Standardization）という国際組織で，貿易を円滑に行うことを目的に，国際的な標準化を推進する民間組織です．

②　ISO 9001：品質マネジメントシステム

★品質面のマネジメント（管理体制）を継続的に改善するシステム（しくみ）．標準化および PDCA（Plan → Do → Check → Act）サイクルが重要な要素であり，顧客満足の向上と，業務効率向上をねらい，仕事の手順をどんどん改善します．

★本書では Quality Management Systems を略記して QMS または QMS（品質に取り組むしくみ）と表すことがあります．

1.2　なぜ標準化を進めるか？

①　品質リスクの低減

★製品・サービスや業務の“品質のバラツキ”を減らします．

★作業上，注意しなければいけないポイント（仕事の肝）について，関係者全員が同じ認識をもつことを目指します．

②　業務効率向上と個別対応業務の充実

★業務の標準化，見える化を行い，業務の効率性を継続的に向上させるための話合いを行い，標準業務時間を短縮します．その業務効率向上により捻出した時間を，顧客の個別対応業務，難しい業務に割り当てます．

③　マネジメント品質の向上など

★業務プロセスの構築・改善活動での対話，過程，経験を通じて仕事の理解を一層深め，マネジメントの品質を向上させるとともに説明責任（accountability）を果たします．

1.3　リスクと機会

ISO 9001 ではリスクと機会の考え方が用いられています．

①　リスク（risk）とは

⭑好ましくない影響・結果が予測される可能性

注記：リスクは“不確かさの影響”と ISO 9000　3.7.9 では定義されており，好ましい面，好ましくない面の両方を含みますが，本書では ISO 9000　3.7.9 注記 5 を考慮して，上記の意味で用います．

②　機会（opportunity）とは

⭑好ましい影響・結果が予測される可能性

③　リスクの大きさ

⭑[重大性・影響度]×[発生可能性（起こりやすさ，頻度）]

④　リスク・機会に応じた対策

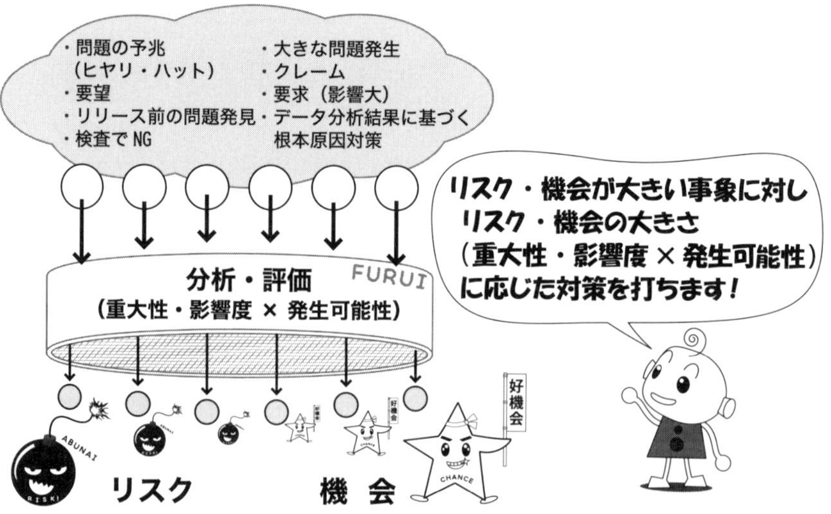

⑤　リスクマネジメントの考え方

リスクの特定	顕在・潜在するリスクの特定
リスクの分析	リスクの[重大性・影響度]×[発生可能性（起こりやすさ，頻度)］の分析
リスクの評価	リスク基準と比較し，リスクの大きさを明確化
リスクへの対応	**リスクを回避**：リスクが大きい仕事をしない，リスクの少ない場所へ回避するなど．（例：リスクの高い製品・サービスを取り扱わない．）
	リスクを低減："標準化" や "見える化" の推進，知識・智恵の共有と活用，チェックの充実，力量の継続的向上などによりリスクを低減する．
	リスクを移転：リスクを別のものに移転する．（例：保険をかける）
	リスクを受容：（リスクが小さい場合）リスクへの対応を行わずに "しょうがない" と受け入れる．

注記：ISO 9001 では，正式なリスクアセスメントまでは求めていませんが，参考として記載します．

■コラム

ISOマネジメントシステム規格の歴史とねらい

第二次世界大戦後，世界経済が急速に発展し，人々の生活環境が向上するにつれて，世間では製品の品質保証を求めるようになりました．

1970年代にはイギリス，アメリカをはじめ欧米諸国の多くが，品質保証のモデル規格をもつようになりました．しかし，国ごとに定めていたため整合しておらず，世界貿易を円滑に進めるには不十分でした．

1978年にISOにTC 176という技術専門委員会が設立され，品質保証に関する国際標準化が進められることになりました．10年近い歳月をかけてできあがったのが，ISO 9001からISO 9003までの品質保証規格です．

一方，戦後の我が国の経済発展は，欧米も目を見張るほどのものでしたが，その推進に大きく寄与したのはエドワーズ・デミング博士の推奨する“製品における品質重視”の考え方です．

これに真摯（しんし）に取り組んだ日本企業は，製品の品質および生産性を向上させ，製品のコストを下げ，従業員のやる気を引き出すことに成功しました．ただ，デミング博士が本当に重視していたのは，製品の品質保証だけではなく，それを生み出すマネジメントでした．

ISO 9001が継続的改善や顧客満足の考え方を取り入れたのは，2000年のことになります．マネジメントシステム規格として生まれ変わったISO 9001は小改訂を経た後，2015年に一新されました．

新しい規格では，組織の状況を理解した上でQMSの適用を決め，事業プロセスとQMSを一体にすることや，リスクマネジメントを行い，計画に基づき運用するだけでなく，得られるパフォーマンス（実績）を一層重視する規格になりました．

このグローバルスタンダードを，組織の事業目的達成に向けたPDCA活動を強化するための道具として活用してはいかがでしょうか．

見るみる Q モデル

ISO 9001

品質マネジメントシステムモデル

見るみるQモデル

☆本書では，ISO 9001の目次の項目を，PDCAサイクルの視点から見直し，“見るみるQモデル”という図に再定義しました．

☆特に第3章をご覧いただくとき，また内部監査の準備や実施の際に，ISO 9001の全体像を俯瞰（ふかん）的に見るために活用いただければと思います．

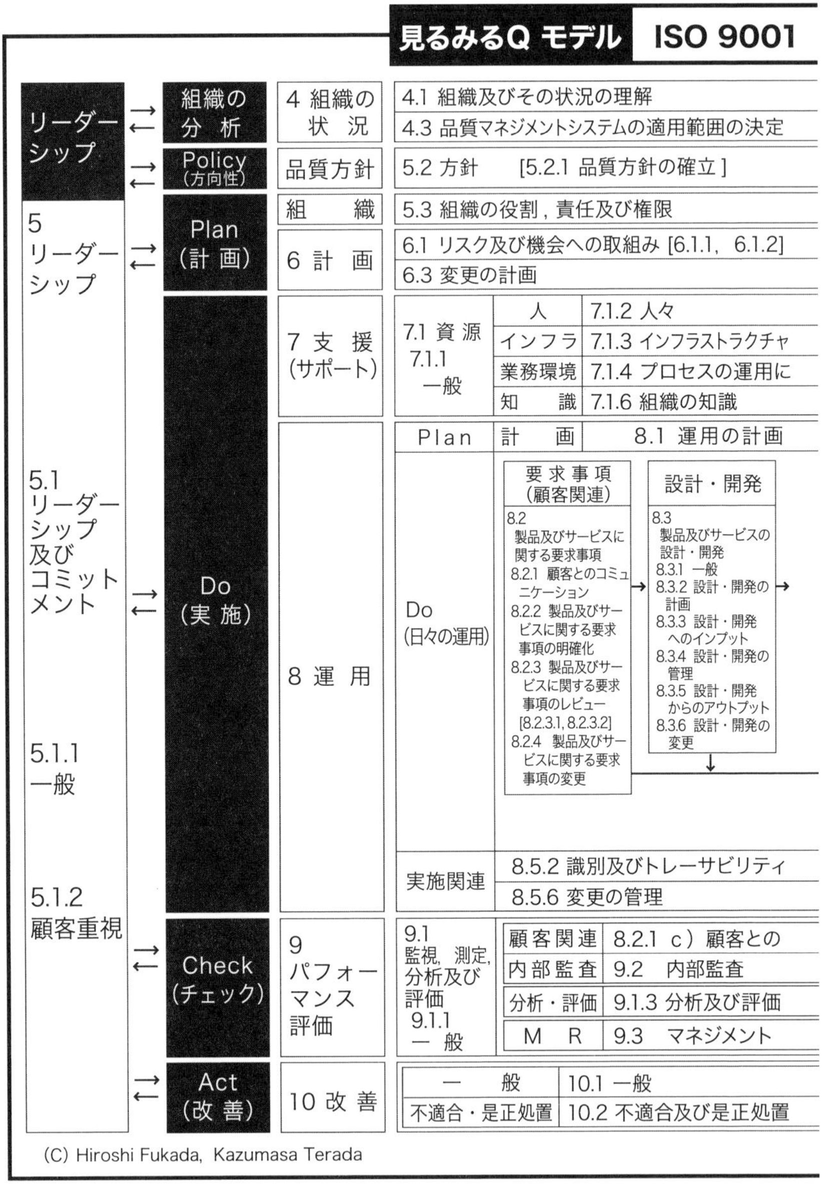

見るみるQ モデル **ISO 9001**

見るみるQ モデル		ISO 9001		
リーダーシップ	組織の分析	4 組織の状況	4.1 組織及びその状況の理解	
			4.3 品質マネジメントシステムの適用範囲の決定	
	Policy（方向性）	品質方針	5.2 方針 [5.2.1 品質方針の確立]	
5 リーダーシップ	Plan（計画）	組 織	5.3 組織の役割，責任及び権限	
		6 計 画	6.1 リスク及び機会への取組み [6.1.1, 6.1.2]	
			6.3 変更の計画	
5.1 リーダーシップ及びコミットメント	Do（実施）	7 支 援（サポート）	7.1 資 源 7.1.1 一般	人 ― 7.1.2 人々
				インフラ ― 7.1.3 インフラストラクチャ
				業務環境 ― 7.1.4 プロセスの運用に
				知 識 ― 7.1.6 組織の知識
		8 運 用	Plan	計 画 ― 8.1 運用の計画
			Do（日々の運用）	要求事項（顧客関連）：8.2 製品及びサービスに関する要求事項 / 8.2.1 顧客とのコミュニケーション / 8.2.2 製品及びサービスに関する要求事項の明確化 / 8.2.3 製品及びサービスに関する要求事項のレビュー [8.2.3.1, 8.2.3.2] / 8.2.4 製品及びサービスに関する要求事項の変更 → 設計・開発：8.3 製品及びサービスの設計・開発 / 8.3.1 一般 / 8.3.2 設計・開発の計画 / 8.3.3 設計・開発へのインプット / 8.3.4 設計・開発の管理 / 8.3.5 設計・開発からのアウトプット / 8.3.6 設計・開発の変更 →
5.1.1 一般			実施関連	8.5.2 識別及びトレーサビリティ
				8.5.6 変更の管理
5.1.2 顧客重視	Check（チェック）	9 パフォーマンス評価	9.1 監視，測定，分析及び評価 9.1.1 一 般	顧客関連 ― 8.2.1 c）顧客との
				内部監査 ― 9.2 内部監査
				分析・評価 ― 9.1.3 分析及び評価
				M R ― 9.3 マネジメント
	Act（改善）	10 改 善	一 般	10.1 一般
			不適合・是正処置	10.2 不適合及び是正処置

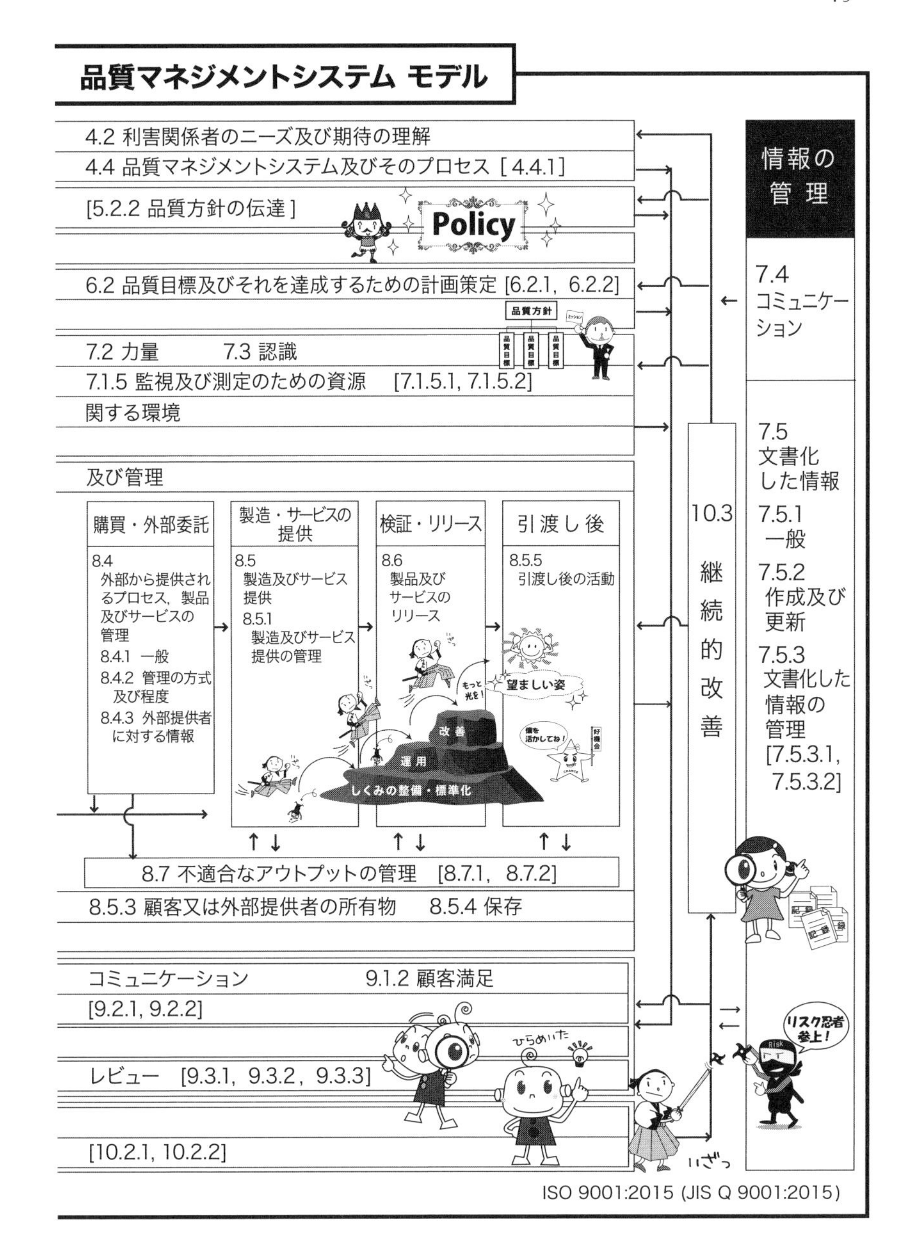
品質マネジメントシステム モデル
4.2 利害関係者のニーズ及び期待の理解
4.4 品質マネジメントシステム及びそのプロセス [4.4.1]
[5.2.2 品質方針の伝達]
Policy
6.2 品質目標及びそれを達成するための計画策定 [6.2.1, 6.2.2]
品質方針
品質目標
7.2 力量
7.3 認識
7.1.5 監視及び測定のための資源 [7.1.5.1, 7.1.5.2]
関する環境
及び管理
購買・外部委託
8.4 外部から提供されるプロセス，製品及びサービスの管理
8.4.1 一般
8.4.2 管理の方式及び程度
8.4.3 外部提供者に対する情報
製造・サービスの提供
8.5 製造及びサービス提供
8.5.1 製造及びサービス提供の管理
検証・リリース
8.6 製品及びサービスのリリース
引渡し後
8.5.5 引渡し後の活動
もっと光を！
望ましい姿
改善
運用
しくみの整備・標準化
好機会
8.7 不適合なアウトプットの管理 [8.7.1, 8.7.2]
8.5.3 顧客又は外部提供者の所有物
8.5.4 保存
コミュニケーション
9.1.2 顧客満足
[9.2.1, 9.2.2]
レビュー [9.3.1, 9.3.2, 9.3.3]
ひらめいた
[10.2.1, 10.2.2]
いざっ
10.3 継続的改善
情報の管理
7.4 コミュニケーション
7.5 文書化した情報
7.5.1 一般
7.5.2 作成及び更新
7.5.3 文書化した情報の管理 [7.5.3.1, 7.5.3.2]
記録
リスク忍者参上！
Risk
ISO 9001:2015 (JIS Q 9001:2015)

第3章 ISO 9001の重要ポイントとワークブック

4　組織の状況
5　リーダーシップ
6　計　画
7　支　援
8　運　用
9　パフォーマンス評価
10　改　善

Quality Management Systems：品質マネジメントシステム
　本書では，"QMS" または "QMS（品質に取り組むしくみ）" と略記することがあります．

本書の編集上，第3章の見出しはISO 9001の箇条番号に合わせています．

組織の状況
(Context of the organization)

組織とは

この “組織” には，QMS の適用組織（ISO 9001 適用組織）が該当します．

追補 1　気候変動対応

“ISO 9001:2015/Amd.1:2024 品質マネジメントシステム―要求事項―追補 1：気候変動対応” について，p.100～101 に事例を記載しました．

4.1　組織及びその状況の理解

① (a)自社・組織の目的（事業目的），(b)戦略的な方向性（例：自社の強みを伸ばし，戦略的に比較優位なポジションをとるための方向性）に関連し，(c)ISO 9001 に基づく QMS（品質に取り組むしくみ）を推進するねらいを明確化します．

② その QMS（品質に取り組むしくみ）を推進するねらいに向けた活動に関連する（影響を与える）(d)外部課題，(e)内部課題を決定します（用語説明は右ページ参照）．

③ (d)外部課題，(e)内部課題に変化がないかを見直します．
（この変化の情報は，“9.3.2 マネジメントレビューへのインプット”になるため，マネジメントレビュー実施前にはレビューすることが望ましい．）

[SWOT（スウォット）分析―組織の状況分析のまとめ方の一例]

外部・内部課題，利害関係者のニーズ・期待を整理する一手法です．

	好ましい	好ましくない
外部環境	**O 機会** 自社を取り巻くビジネス環境について好ましい事項・状況	**T 脅威** ビジネス環境の中で好ましくない事項・状況
内部環境（自社）	**S 強み** 自社の中で好ましい事項・状況	**W 弱み** 自社の中で好ましくない事項・状況

この組織の状況を分析する活動は，以後の QMS（品質に取り組むしくみ）の方向性や中身を決定するために，とても重要な活動です．

[補足説明]

(a)　**自社・組織の目的**

自社の事業目的，事業推進のねらい．経営方針や中期経営計画に表明されていることが比較的多い．

(b)　**戦略的な方向性**

例えば，競合する企業よりも自社のほうが優れている（強みをもつ）状態を作るためのポリシー．中期経営計画や経営層の年度方針で表明されていることが比較的多い．

(c)　**QMS を推進するねらい（QMS の意図した結果）**

ISO 9001 に基づく QMS（品質に取り組むしくみ）を導入し，維持・改善していく上でのねらい

(d)　**外部課題**

企業を取り巻く外部環境の課題（好ましい事項，好ましくない事項）．例えば，製品・サービスを販売する市場の動向，技術動向，景気，為替レート，競合会社の動向・戦略に関する課題．

(e)　**内部課題**

自社内の課題（好ましい事項，好ましくない事項）．例えば，自社の保有技術の価値，従業者の年齢構成比率，従業者の力量向上動向，インフラストラクチャ［社内のハードウェア，ソフトウェア，ICT（情報通信技術）］の更新状況，ノウハウの組織的共有・活用状況などの課題．

☞ 参考：第 4 章　4.2　SWOT(スウォット)分析

● ワークブック

[1] 自社・組織の事業目的（ねらい）は？

[2] 自社・組織の重要戦略は？

[3] QMS（品質に取り組むしくみ）推進のねらいは？

（ISO 9001 導入のねらい）

[4] 自社・組織の課題は？

QMS（品質に取り組むしくみ）に関連する課題

外部課題	
内部課題 （自社・組織）	

4.2　利害関係者のニーズ及び期待の理解

① QMS（品質に取り組むしくみ）に深く関連する利害関係者を決定します（下記イラスト参照）.

② その利害関係者の QMS（品質に取り組むしくみ）に関連するニーズや期待（要求事項）は何かを検討し，決定します.

③ 決定した上記①②の内容を監視し，レビューします.

☞ 参考：第 4 章　4.2　SWOT（スウォット）分析

［補足説明］

前述の“4.1 組織及びその状況の理解”と関連付けて，ニーズや期待を明確化することをおすすめします．この情報は品質目標策定（6.2）やマネジメントレビューへのインプット（9.3.2）情報になります.

4.3　品質マネジメントシステムの適用範囲の決定

次を考慮して，QMSの適用範囲を決定し，文書化します.

① “4.1”で決定した組織の外部課題，内部課題

② “4.2”で決定した利害関係者のニーズ・期待（要求事項）

③ 自社の製品・サービス

☞ 参考：7.5　文書化した情報

4.4　品質マネジメントシステム及びそのプロセス

① QMS（品質に取り組むしくみ）を整備し，標準化します.
（例：業務プロセスを検討し，文書化などにより共通認識をもつ）

☞ 参考：第4章　4.1　プロセスアプローチ

② 実施（運用）・維持

③ 継続的改善

④ プロセスが計画に基づき実施したことを示す記録を残します.

☞ 参考：7.5　文書化した情報

■コラム

“4.1 組織及びその状況の理解”の活用

下記は，ISO 9001 に明確な要求はありませんが，筆者がコンサルタントとしておすすめする考え方の一例です．

① **品質目標の背景の明確化**

★品質目標を策定し展開する際，**“どのような背景でその目標を策定したのか”**を関係する現場の従業者に説明し，従業者が“考える機会”をもつことは，目標を現場に浸透させ，推進するための有効な方法の一つです．

★例えば，ある品質目標は，どのような外部課題，内部課題に対する目標かを関係者（現場の担当者を含む）に説明することは，目標達成に向けた活動の推進力につながります．

② **組織の状況を深く理解する人を増やす**

★組織の状況について，多くの企業・組織では経営層，管理職が中期経営計画（中計）策定時や年度の組織目標策定時に分析した上で目標策定を実施していると考えます．

★その分析活動に，現場のリーダーも参画すると，現場の生の意見が一層反映され，状況と課題のリアリティが増します．

★何よりも組織の状況（目標の背景）を“自ら”分析する機会（経験）をもつ人が増え，目標達成の必要性を“明確に”認識する人が増え，活動の推進力をさらに高めることができます．

★目標達成に向けたエネルギーを増幅させるために，組織の一人ひとりが腹をすえて目標に向けた活動を推進するために，ぜひ経営層，管理職，そして現場のリーダーで“組織の事業分析”を！

☞ 参考：第 4 章　4.2 SWOT(スウォット)分析の事例

☞ 参考：6.2　品質目標及びそれを達成するための計画策定

リーダーシップ
(Leadership)

5.1 リーダーシップ及びコミットメント
5.2 方 針
5.3 組織の役割，責任及び権限

リーダーシップ

★"5 リーダーシップ" では，主に経営層（トップマネジメント）にかかわる要求事項が表されています．

★加えて各部門の責任者が，各自の担当領域において，効果的なリーダーシップを発揮すると，自社・組織の事業目的達成に向けて，より力強くPDCA 活動を推進できます．

5.1　リーダーシップ及びコミットメント

5.1.1　一　般

経営層は，トップとしてのリーダーシップを発揮し，品質方針などで表明しているコミットメント（責務）を果たす活動を行っていることを，次のような活動により実証します．

① 経営層は，QMS が有効であることを，証拠などを用いて説明できるようにします［顧客･社会に対する説明責任（accountability）を負います］．

② 品質方針，品質目標を確立させます．その際（4.1 で決定した）組織の状況，戦略的な方向性と整合しているようにします．

③ 組織の事業プロセス（実務）と QMS が一体になっているようにします（QMS が組織の実務と別になっていないように）．

④ プロセスアプローチやリスクに基づく考え方が利用されるように働きかけます．

☞ 参考：第 4 章　4.1　プロセスアプローチ

⑤ QMS のねらい(意図した結果)を確実に達成できるようにします．

⑥ 組織の管理職などが，担当領域においてリーダーシップを発揮できるように経営層は支援します．

［補足説明］

経営層がリーダーシップを実践している活動の例を記載します．

① 組織の状況（4.1, 4.2）を分析する活動の推進，支援

② 経営方針，中期経営計画，年度方針の策定，表明，伝達，浸透

③ 品質方針の策定，表明，伝達，浸透

④ 品質目標の全体的な方向性の表明（例：全社の品質目標の表明）

⑤ マネジメントレビューにより，QMS（品質に取り組むしくみ）が本業に貢献しているかなど，ねらいどおり推進できているかを確認し，改善に向けた指示を行い，後日フォローアップを実施．

5.1.2　顧客重視

経営層は，顧客重視に向けてリーダーシップを発揮し，品質方針などで表明しているコミットメント（責務）を果たしていることを，次のような活動により実証します．

① 顧客要求事項や，QMS に関する法令・規制要求事項を明確化し，理解し，満たします．

② 製品・サービスの適合や顧客満足向上に影響を与えるリスク，機会を決定し，取り組みます．

③ 顧客満足向上を常に重視します．

5.2　方針（品質方針）

① 経営層は，（4.1 で決定した）組織の目的，組織の状況や戦略的な方向性を考慮した“品質方針”を表明し，文書化し，組織内に伝達し，実現を促します．

☞ 参考：7.5　文書化した情報

② 必要に応じて，自社・組織外の人が方針を確認できるようにします．（例：自社ウェブサイトで品質方針を公開）

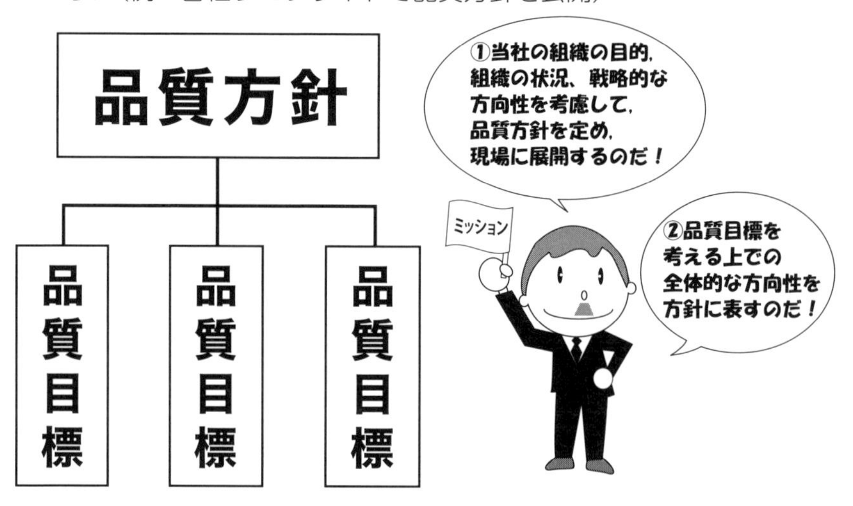

5.3　組織の役割，責任及び権限

① 経営層は，組織の果たすべき役割に対する責任・権限を割り当て，組織に浸透させます．

② 経営層は，次の事項について責任・権限を割り当てます．

★自社の QMS（品質に取り組むしくみ）が，ISO 9001 に適合すること

★業務プロセスが，意図したアウトプット（製品・サービスや，実績，成果）を確実に生み出すこと
（例：計画した管理方法，手順，経営資源で製造すれば，意図したとおりの良品を効率良く製造できる．）

★経営層に QMS に関するパフォーマンス（実績）の状況や，改善テーマ案を報告すること（10.1 参照）

★会社全体が顧客重視に力を入れること（5.1.2 参照）

★QMS の変更を計画する際，整合性を保つこと
（例：一部の業務手順を変更する際，関連する業務手順の検討や必要な変更をし忘れて，整合しなくなることを防ぐ．）

● ワークブック

[1] QMS における，自社・組織の役割，責任・権限は？

自社・組織の役割（自組織の果たすべき役割，ミッション）※	
役割を果たすための責任・権限	
関連文書名（あれば）	

※ 例えば，営業部門の“役割（ねらい，方向性）”として，新規顧客の積極的な開拓，既存顧客との緊密な関係強化などがあげられ，経営層は組織がその役割を果たすための責任・権限を割り当てます．

計　画
(Planning)

6.1　リスク及び機会への取組み

6.2　品質目標及びそれを達成するための計画策定

6.3　変更の計画

リスク（risk）とは
好ましくない影響・結果が予測される可能性

機会（opportunity）とは
好ましい影響・結果が予測される可能性

6.1 リスク及び機会への取組み

6.1.1

① QMS（品質に取り組むしくみ）を計画する際，取り組む必要がある“リスク”と“機会”を決定します（第1章参照）.

② その際，次を考慮します.

★“4.1 組織及びその状況の理解”で決定した，外部課題，内部課題

★“4.2 利害関係者のニーズ及び期待の理解”で決定した，利害関係者のQMSに関連するニーズおよび期待

☞ 参考：第4章　4.2　SWOT(スウォット)分析

6.1.2

① 決定した“リスク”と“機会”への取組みを計画します.

リスクを減らすための取組みや，機会への積極的な取組みを計画します.

② その取組みのQMSプロセスへの統合や実施の方法，有効性の評価の方法を計画します.

☞ 参考：第4章　4.1　プロセスアプローチ

6.2　品質目標及びそれを達成するための計画策定

① QMS推進に必要な品質目標を設定します．

② 品質目標を達成するための計画策定時，次の事項を決定し，文書化します．

⭑実施事項（施策）

⭑必要な資源（例：ヒト，モノ，資金，技術，時間など）

⭑責任者

⭑実施事項の完了時期（期限やスケジュール）

⭑結果の評価方法（達成基準と評価方法）

☞ 参考：第4章　4.3　品質目標事例集

☞ 参考：7.5　文書化した情報

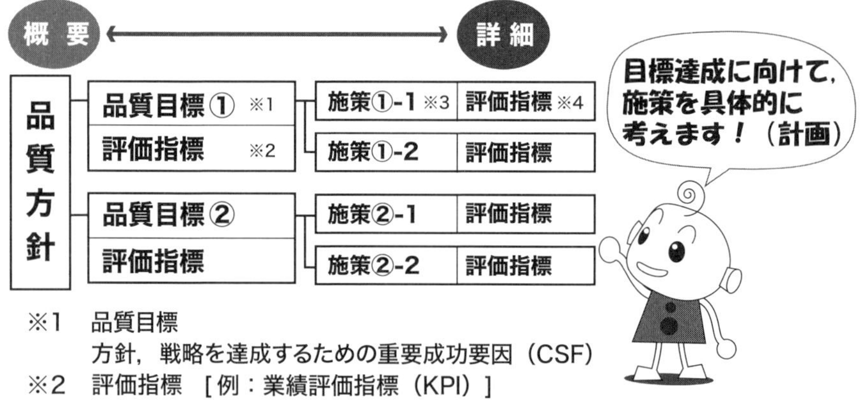

※1　品質目標
　　方針，戦略を達成するための重要成功要因（CSF）

※2　評価指標　[例：業績評価指標（KPI）]
　　目標の一部で，施策が効果をあげているかどうかを判断します．
　　効果がなければ，施策（または目標）を見直します．

※3　施策
　　目標達成に向けた具体策

※4　施策の評価指標（例：マイルストーン）
　　施策の実行状況を（途中，終了時に）確認する指標

注記：CSF：重要成功要因（Critical Success Factor）
　　　KPI：業績評価指標（Key Performance Indicator）

● ワークブック

[1] 自社・組織の品質目標，目標達成に向けた主な施策は？

品質目標		達成に向けた計画
目標項目	評価指標	主な施策

結果を評価するためには，評価指標の明確化が必要です．

☞ 参考：第4章 4.3 品質目標事例集

6.3 変更の計画（補足：QMSの変更です）

① QMS（品質に取り組むしくみ）を変更する際は，（突発的に変更するのではなく）計画的な方法で実施します．

② その際，変更によるしくみの不整合がないように確認します．

支　援
(Support)

7.1 資源（Resources）

7.1.1 一 般

QMS（品質に取り組むしくみ）の推進に必要な資源（経営資源）を決めて，提供します．

［補足説明］

資源（経営資源）とは

- ✯ QMS(品質に取り組むしくみ)を運営するために必要な資源
- ✯ 例えば，人々（要員），インフラストラクチャ，仕事の環境，知識・ノウハウ，社風，資金などの中でQMSに影響を与えるものが該当します．
- ✯ 社内の資源に加えて，社外の資源（例：他社のサービス，技術，特許など）も，必要に応じて考慮します．

7.1.2 人々（people）

QMSの効果的な実施や，業務プロセスの運用・管理に必要な人々(要員）を明確にし，確保し，配置します．

［補足説明］

- ✯ 自社の組織の目的（4.1参照）を実現するためには，効果的なQMSの実施・運用を行う必要があり，それを目指した人員配置を行います．
- ✯ 単なる業務の実施に向けた配員ではなく，組織の役割（ねらい）の達成を目指す“効果的な組織運営”に向けた配員，というのがポイントです．
- ✯ 人員配置（布陣）が組織のねらいに対して適切でないと，マネジメントは失敗する確率が高まるので，適材適所の布陣をしっかりと考えて，実践していきたいものです．

☞ 参考：5.3 組織の役割，責任及び権限

7.1.3　インフラストラクチャ

① 業務プロセスの運用や，製品・サービスを要求事項に適合させるために必要なインフラストラクチャを決定し，提供し，維持（配備，点検，使用に向けた準備）します．

② インフラストラクチャの事例

⭑建物　⭑関連するユーティリティ（電気，燃料，水道など）

⭑設備（ハードウェア，ソフトウェア）　⭑輸送設備，車両など

⭑情報通信技術（ICT）（通信，インターネットで利用できるサービスなど）

［補足説明］

⭑生産設備や情報システムの停止による時間当たりの損害額を小さくおさえるために，インフラストラクチャの予防保全は，重要です．

⭑安全の観点からの設備やソフトウェアなどの保守は，何よりも人間の命を守る上で，また事故による活動停止に伴うコストを低減する上でも，非常に重要です．

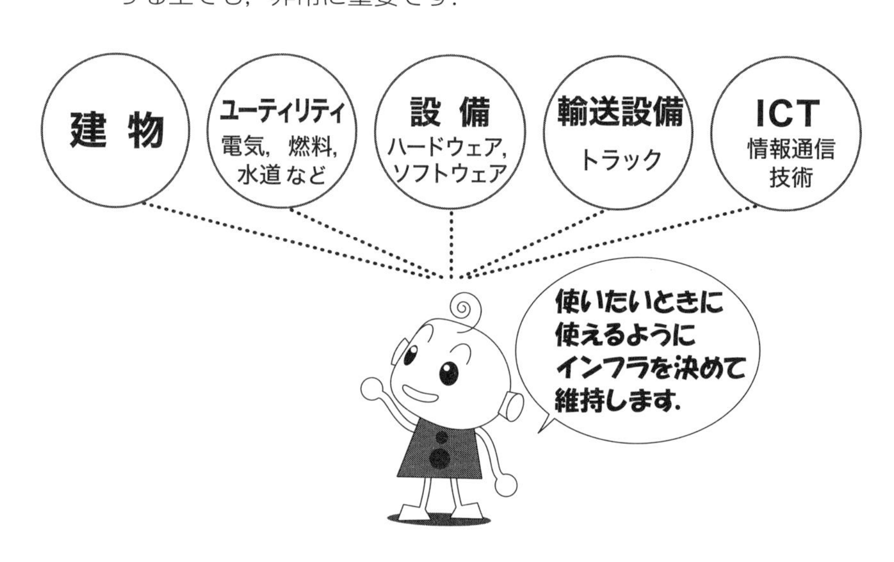

7.1.4 プロセスの運用に関する環境（仕事の環境）

① 業務遂行に必要な仕事の環境を決定し，提供し，維持します．

② 仕事の環境を検討する際，下記を考慮します．

⭑社会的要因：

差別のない状態，平穏な環境

⭑心理的要因：

（主に職場での）ストレスを少なくする，燃え尽き症候群を回避する，心のケアに取り組む（寄り添う）．

⭑物理的要因：

職場の温度，湿度，明るさ，音，衛生状態が，業務を遂行する上で心地良いこと

［補足説明］

⭑自分で仕事に集中できる環境をつくることも大切です．仕事に集中できると，業務品質は必ずあがります．

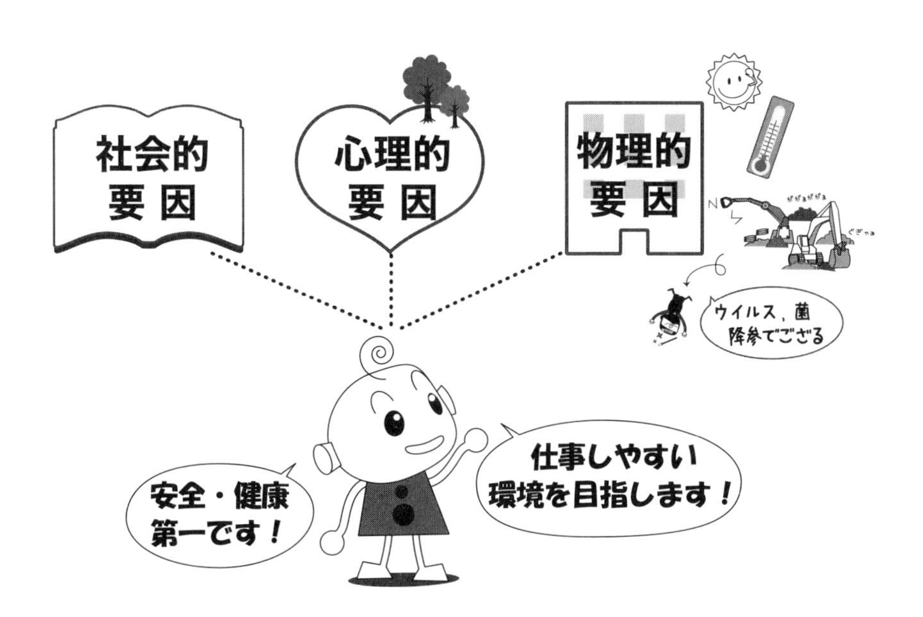

7.1.5　監視及び測定のための資源

① （例えば製品・サービスの検証・検査で）妥当で信頼できる結果を得るために監視用・測定用の資源（ハードウェア・ソフトウェアなど）を決定し，提供します．

② 測定に関する要求事項がある場合や，測定結果の信頼性を確保する要求がある場合，必要に応じて，国際計量標準や国家計量標準につながりをもつ（トレーサビリティが確保されている）計量標準（標準器など）を用いて，自社の測定機器（ハードウェア・ソフトウェアなど）を校正または検証します．

③ 監視用・測定用の資源が，その使用目的に対して適切なことを示す証拠（例：校正記録）を残します．

☞ 参考：7.5　文書化した情報

［補足説明］

☆監視・測定のためのハードウェア・ソフトウェアなどが正確でないと，検証や検査の根拠が不確かになり，説明責任（accountability）を果たすことができなくなります．まずは，

このハードウェア・ソフトウェアを大切に取り扱い，そして必要な点検・校正を，リスクに応じて行いましょう．

7.1.6 組織の知識

① 次に関する自社に**固有な知識**（ナレッジ：knowledge）を明確にします．

★業務プロセスの運用のために必要な知識

★製品・サービスを要求事項に適合させるために必要な知識

② この知識を共有→活用→更新，そして共有します．

③ 組織の知識の事例

内部の知識	社内の知的財産，経験から得た知識，成功／失敗事例から得た教訓，暗黙知，業務プロセスの改善結果，製品・サービスの改善結果
外部の知識	国際・国内標準（ISO，JIS などの規格），学会の知見，顧客や協力会社，外部の支援者から得た知見

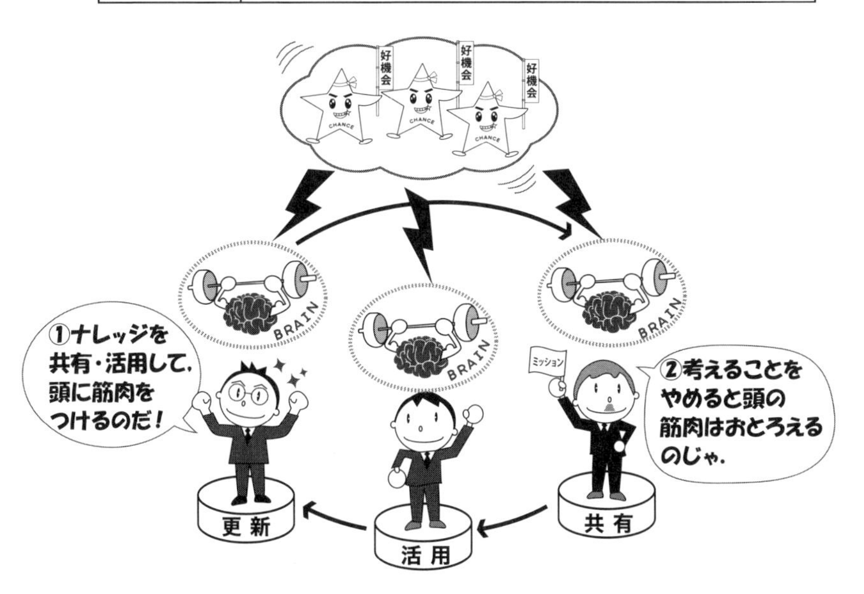

［補足説明］

⭑組織の知識を記録やサーバーで共有しているケースはよくありますが，その**知識の利用が活発か否かがポイント**です．

⭑組織の知識は会社の重要な経営資源です．利用が活発でなければ，利用を促進するための改善策をとるか，または，共有しても効果が期待できないなら，その情報を蓄積・共有する必要性を見直します．

⭑組織の知識が共有され，利用が活発であれば，例えばアイデアを創出したいときはもちろん，夏期休暇の際や冬場に家族がインフルエンザに感染して介抱したいときにも，安心して業務を同僚に任せてお休みに集中できるでしょう！

● ワークブック

［1］ 自社・組織において，共有・活用している固有の知識にはどのようなものがありますか？(特に蓄積だけでなく，活用している知識)

固有の知識名	主なねらい	共有場所
例：品質ヒヤリハット	品質問題発生には至らなかったが業務ミスなどにより“ヒヤッ！”とした事例を共有し，互いに“気づき”を得て，品質面のヒヤリハット力（事前検知力）を向上させる.	Aサーバーのヒヤリハットフォルダ

7.2 力 量

① 組織の管理下で働く下記の人々に，必要な力量を明確にします．

★ QMS（品質に取り組むしくみ）のパフォーマンス（実績）に影響を与える業務を行う人

★ QMS の有効性に影響を与える業務を行う人

② 適切な教育・訓練や経験により，人々が力量を保有していることを確実にします．

③ 業務を遂行する上で力量が不足する場合には，不足する力量を教育（OJT を含む）で補い，業務遂行に必要な力量を身につけます．

④ 道具の改善など（例えば工程の自動化）により必要な力量のレベルを変えることもできます．

⑤ 教育などを実施後，必要な力量が身についたかどうかその対応策（教育など）の有効性を評価します．

⑥ 力量の証拠の記録を残します．

☞ 参考：7.5 文書化した情報

[補足説明]

☆ISO 9000:2015（品質マネジメントシステム—基本及び用語）の“2.2.5.3 力量（competence）”には，“全ての従業員が，各自の役割及び責任を果たすために必要な技能，訓練，教育及び経験を理解し，これを適用したとき，QMS は最も効果的なものとなる”と記載されています．さらに，“これらの必要な力量を身に付ける機会を人々に与えることは，トップマネジメントの責任である”と規定されています．

☆ローマ帝国第 16 代皇帝マルクス・アウレリウス・アントニヌス（121 年～ 180 年）の言葉“良い人間のあり方を論じるのはもう終わりにして，そろそろ良い人間になったらどうだ”というものがあるそうです．

☆力量は，例えば保有する知識量（どれだけ物知りか）ではなく，組織の事業目的達成や，日々の業務遂行に“どう使ったか”，“どう動いたか”，“どのような効果をもたらしたか”で価値が決まります．

☆飾りの知識ではなく，使ってなんぼの力量が求められています．

● ワークブック

[1] 品質目標と力量

QMS の目的の一つに品質目標の達成があります．この品質目標を達成するために必要な力量について記載してください．

自部門の品質目標	目標達成に向けて 必要な力量	自分の力量の状況 （十分／不足）

[2] 力量向上に向けて

上記を踏まえて，本年度，自分が向上させたい力量は？

自分が向上 させたい力量	力量を向上させる方法	達成度の評価時期 評価方法

[3] 自分の“将来の望ましい姿”に向かって

ISO 9001 の明確な要求事項ではありませんが，実務においては個人が自分の将来のキャリアをよく考えて“望ましい姿”をイメージし，その“望ましい姿”に向けた力量向上活動を“自分の意思で”行うことは非常に重要です．自己研鑽（けんさん）は，力量向上の王道です．

自分の 3 年後の 望ましい姿	望ましい姿になるために 向上させたい力量 （教育テーマ）	その力量を身につける ための本年度の 自己研鑽活動

7.3 認 識

組織の管理下で働く人々は，次の事項について認識をもつ必要があります.

① 品質方針

② 自社・組織の品質目標（目標や達成状況，未達の場合は対策）

③ QMS（品質に取り組むしくみ）の有効性向上に向けて，**自分はどのように貢献するか**.

[その QMS の有効性にはパフォーマンス（実績）向上により得られるメリットを含みます.]

④ QMS から逸脱する場合の意味（例：業務基準から逸脱して業務を実施した場合のリスク）

一人ひとりの認識を高めると，
パフォーマンス（実績）向上につながります！

● ワークブック

[1] 品質目標達成に向けた認識

QMS の目的の一つに品質目標の達成があります．この品質目標を達成するために，自分は何を実施しますか？

自部門の品質目標	目標達成に向けた自分の実施事項

[2] QMS から逸脱した場合のリスク

QMS（品質に取り組むしくみ）から逸脱した活動を行うと，どのようなリスクにつながりますか？

自部門の業務	その業務の業務基準文書など	基準から逸脱した場合のリスク

7.4　コミュニケーション

① QMS（品質に取り組むしくみ）に関する，組織内部のコミュニケーション，組織外部とのコミュニケーションを効果的に行います．

② コミュニケーションには次の事項を含みます．

伝達内容，時期，相手，方法，コミュニケーション元

〔補足説明〕

⭑内部コミュニケーション

QMS（品質に取り組むしくみ）を運用するために，社内で行う情報交換活動．ミーティング，メール，朝礼・昼礼など

⭑外部コミュニケーション

社外とのコミュニケーションでは，社外から情報を得る場合，社外に情報を発信する場合があります．

例えば，大きな品質問題が発生し，製品回収（リコール）を行う場合には，伝達内容，公表時期，情報発信方法などを十分検討した上で公表します．

● ワークブック

[1] QMSのコミュニケーション

自社・組織の内部コミュニケーション，外部コミュニケーションの事例（どのような活動が該当するか）を記載してください．

	事　例
内部コミュニケーション	
外部コミュニケーション	

7.5 文書化した情報（文書管理・記録管理）

7.5.1 一 般

QMS（品質に取り組むしくみ）には，次の事項を含みます．

① ISO 9001 が要求する文書化した情報（文書，記録）

② QMS の**有効性のために**組織が必要と判断した文書化した情報（文書，記録）

［補足説明］

① **文書化した情報と文書，記録**

☆文書化した情報には，手順書などの“文書”や，業務の結果を残す“記録”の両方が含まれます．

☆本書では，文書化した情報についてイメージしやすいように“文書”または“記録”という用語を用いています．

② **文書化の程度**

☆業務プロセスをどこまで詳細レベルで／概要レベルで文書化するか，または全く文書化しないかは，自社・組織で，顧客や社会に対する説明責任（accountability）の視点で決めます．

☆文書化の目的は，“共有”です．目標や業務プロセスを関係者が“共有”することが目的で，文書化はその手段です．例えば業務手順を共有するためには，業務状況をビデオで撮り，関係者が共有することも一案です．その場合，文書はなくても共有できます．

☆“共有”できるのであれば，文書はより少ない方が，現場に浸透しやすく，更新や共有の手間は小さいです（外部審査のときしか使わない文書はリスクであり，その維持コストはもったいないです）．

☆記録についても同様で，どのような記録を，どこまで詳細レベルで／概要レベルで残すかについて，自社・組織で顧客や社会に対する説明責任の視点で決めます．

7.5.2　作成及び更新

① 文書は，（タイトル，日付など）で識別でき，適切な表し方（言語，ソフトウェアの版，図表），媒体（紙，電子）で作成します．

② これらの文書は，適切性，妥当性について，レビュー，承認される必要があります．

7.5.3　文書化した情報の管理

① 文書は，使いたいときに使えるようにします．

② 文書は，機密性，不適切な使用（例：知的所有権の侵害など），完全性の喪失（意図しない削除，改変，破損）から保護します．

③ 文書は管理します（配付，アクセス，検索，利用，保管・保存，変更，廃棄などにおける管理）．

● ワークブック

[1] 自部門の業務と関連する文書名，記録名を記載してください.

自部門の業務	業務に関連する主な文書名	主な記録名
例：部材の発注業務	購買規定 発注手順書	注文書，発注仕様書， 購買システムのデータ

[2] 文書の活用，更新状況の確認

文書の活用・更新状況はいかがでしょうか？

No.	質問項目	Yes	No
1	“自分の業務プロセスに関連する文書” が何かをしっかりと理解していますか？	□	□
2	その文書を頻繁（ひんぱん）に使っていますか？	□	□
3	その文書は，過去２年以内に改善に向けた更新がされましたか？	□	□
4	その文書はとてもわかりやすいですか？	□	□

“No（ノー)” のチェックが多い場合は，使われていない文書が多い可能性があります．文書の統廃合や，どのような内容をどのようなスタイルの文書にまとめると有効か，現場の担当者の視点で再検討してはいかがでしょうか.

※本章では，特に自部門の業務に関連する箇所を重点的に確認してください．

8 運　用
(Operation)

8.1　運用の計画及び管理
8.2　製品及びサービスに関する要求事項
8.3　製品及びサービスの設計・開発
8.4　外部から提供されるプロセス，製品及びサービスの管理
8.5　製造及びサービス提供
　8.5.1　製造及びサービス提供の管理
　8.5.2　識別及びトレーサビリティ
　8.5.3　顧客又は外部提供者の所有物
　8.5.4　保存
　8.5.5　引渡し後の活動
　8.5.6　変更の管理
8.6　製品及びサービスのリリース
8.7　不適合なアウトプットの管理

8.1 運用の計画及び管理

① 自社・組織にとって必要な業務プロセスを計画（検討し，明確化）し，その計画に基づき業務を実施し，管理します．

② その際，下記に留意します．

★製品・サービス提供の要求事項（例：顧客からの要求事項，関連法令，自社が必要と考える要求事項）を確実に満たす業務プロセスを明確化します．

☞ 参考：7.5.1 補足説明② 文書化の程度

★その業務プロセスに関して，自社・組織が取り組む必要があると決めたリスク・機会に対し，どのように取り組むかを検討し，明確化し，取り組みます．

③ 業務プロセスを変更する際は，変更により問題が生じないかどうかをレビューします．

④ 外部委託プロセス（例：外部委託工程）を確実に管理します．

☞ 参考：8.4 外部から提供されるプロセス，製品及びサービスの管理

［補足説明］

外部委託先の管理

★外部委託先まかせ，いわゆる丸投げは適切ではなく，管理すべき範囲やどこまで深くまたは，浅く管理するかを自社で品質への影響に応じて検討し，外部委託先のプロセスを管理します．

★外部委託したプロセスの管理は，具体的には，この 8.1 よりも“8.4 外部から提供されるプロセス，製品及びサービスの管理”で管理することを推奨します．

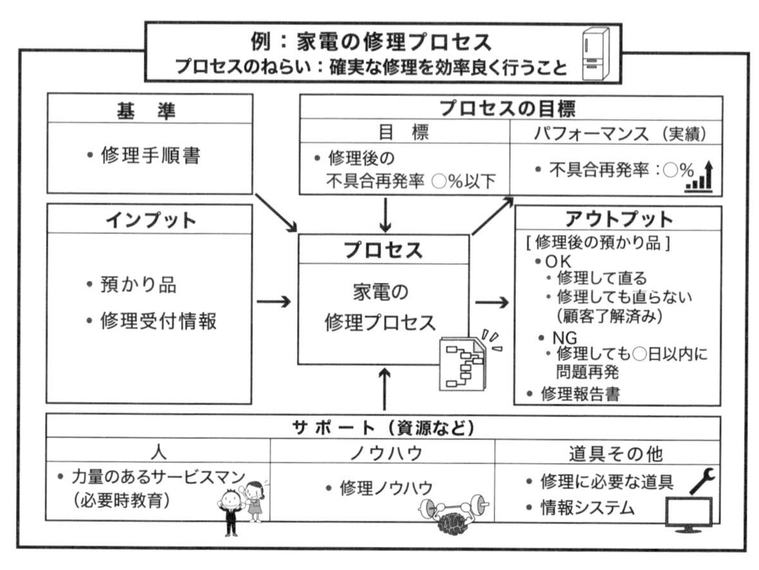

業務プロセスを計画する際には，リスク（業務推進を阻害させそうな要因）を減らし，機会（業務を促進させそうな要因）に着目し，取り組みます．

8.2 製品及びサービスに関する要求事項（顧客関連など）

8.2.1 顧客とのコミュニケーション

顧客とのコミュニケーションには，下記が含まれます．

★顧客に商品やサービスの説明や情報提供を行います．

★顧客からの問合せ，引き合いに対応し，商談，契約手続きを進めます．

★顧客からの要望，苦情などにしっかりと耳を傾けます．

★顧客からのお預かり品（顧客の所有物）などの取扱方法や管理方法を打ち合わせます．

☞ 参考：8.5.3 顧客又は外部提供者の所有物

★大地震，風水害による被災などの“不測の事態”が発生した場合，いつまでに，どのような状態まで復旧させるかなどの対応方法を，**必要に応じて**顧客と打ち合わせします．

［補足説明］

★顧客とのコミュニケーションの好事例を共有することも一案です．

★例えば，営業マンのコミュニケーションの品質にバラツキがある場合は，改善できる可能性が十分あります．

8.2.2　製品及びサービスに関する要求事項の明確化

① 顧客に，製品・サービスの内容（要求事項）や関連する法令・規制の要求事項をしっかり説明します.

② 顧客に説明した製品・サービスの要求事項を満たします.
（例えば，6月1日までに製品Aを100個納品すると約束する前に，実際その日にその個数を納品できるかどうかを確認する. そうしないと，顧客の期待を裏切ることにつながりかねない.）

8.2.3　製品及びサービスに関する要求事項のレビュー

① イラストのように，製品・サービスに関する要求事項をレビューします.

② レビューの結果，製品・サービスの新しい要求事項を記録します.

☞ 参考：7.5　文書化した情報

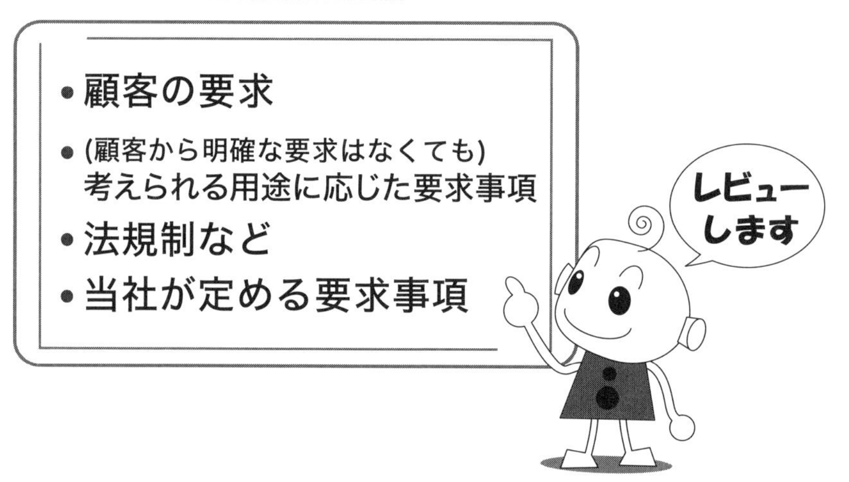

8.2.4　製品及びサービスに関する要求事項の変更

製品・サービスの要求事項が変更になったとき，関係者に伝達し，関連する文書や記録を必要に応じて変更します.

☞ 参考：7.5　文書化した情報

● ワークブック

[1] 製品・サービスに関する顧客とのコミュニケーション（営業，顧客からの注文受付，内容打合せなど）の主管部門と関連部門は？

主管部門	
関連部門	

[2] 上記業務に関する QMS 文書があれば，記載してください.

[3] 製品・サービスに関する顧客への営業，顧客からの注文受付，内容打合せを行う際に注意すべきリスク・機会と対策は？

No.	注意すべきリスク・機会	対 策
例	リスク：注文変更情報の社内伝達が遅れ，結果として工程変更が遅れる場合がある.	変更情報を得た場合は 3 時間以内に関係部門に連絡する（速報は口頭連絡も可）.
例	機会：製品・サービスに関する法令などの情報が，営業機会につながることがある.	法令ごとに担当者を決めて，法令の最新情報をタイムリーに入手する（例：補助金，税制優遇措置など）.

8.3　製品及びサービスの設計・開発

8.3.1　一　般

適切な設計・開発プロセスを決めて，実施し，維持します．

［補足説明］

適切な設計・開発プロセスとは，どのようなものでしょうか．

⭑製品・サービスの設計・開発が，品質（仕様・性能）の面でねらったとおりに完了したとしても，もしその設計・開発作業が計画よりも長引いた場合は，その工数（人数×時間）が開発コストになり“適切”ではないかもしれません．

⭑新製品の発売に遅れをきたすと，他社に先を越されて，競争上の機会損失になる場合があります．また特許などの知的所有権確保に遅れが生じ，競合企業が知的所有権を自社より先に押さえた場合には，結果として設計・開発を断念する，または高額な利用料が発生するといった事態につながります．

⭑また，例えば試作や実験の回数が計画よりも多くなると，結果として開発予算がオーバーし，それを製品に転嫁すると製品の販売価格が上昇し，売行きにマイナスの影響を及ぼす場合があります．

⭑品質面だけでなく，開発期間面，開発予算面においても予定している範囲に収まるように業務プロセスを見直し，“適切な設計・開発プロセス”にすることが望まれます．

8.3.2　設計・開発の計画

設計・開発の計画を作る際は，次の事項を考慮します．

①　段階（フェーズ）や期間（スケジュール）

②　どのようなタイミングで設計・開発のレビュー，検証，妥当性確認活動を行うか．

③　設計・開発プロセスの責任・権限

④　設計・開発活動に必要な内部資源（例：要員，道具），外部資源（例：外部の分析機関，試作や検証作業を外部委託する場合が該当）

⑤　関係者の意思疎通，情報交換などを管理する必要性

⑥　レビューや試作品の検証に，顧客やユーザーが加わる必要があるかどうか．

⑦　以降の製品を作る段階や，サービスを提供する段階にかかわる要求事項（例：製造の基準，検査の基準）

⑧　顧客を含む利害関係者により期待される，設計・開発プロセスの管理レベル

⑨　設計・開発の要求事項を満たしていることを実証するための文書や記録を残します．

☞ 参考：7.5　文書化した情報

8.3.3　設計・開発へのインプット

①　設計・開発へのインプット（要求事項）を明確化します．

②　その際，次の事項を考慮します．

⭑仕様，機能，パフォーマンス（実績）

⭑関連する以前の類似の設計・開発情報

（例：以前の設計・開発情報を使用する場合は，どの設計・開発のどの知見を用いるかを明確にする．）

⭑法令・規制要求事項

⭑失敗によって発生しそうな問題

（例：誤操作による火災の発生）

③　設計・開発へのインプットは，漏れがないように，あいまいでないようにします．

④　設計・開発へのインプットに関する記録を残します．

☞ 参考：7.5　文書化した情報

8.3.4　設計・開発の管理

設計・開発プロセスを管理します．

①　目指すべき結果（例：設計の目標）を明確化します．

②　設計・開発からのアウトプットが，設計・開発へのインプットの要求事項を満たすようにレビュー，検証します．

③　設計・開発からの結果である製品・サービスが，ユーザーのニーズ・用途を満たすように妥当性確認を行います．

④　設計・開発のレビュー，検証，妥当性確認で明確になった問題に対して，必要な処置をとります．

⑤　設計・開発の管理活動の記録を残します．

☞ 参考：7.5　文書化した情報

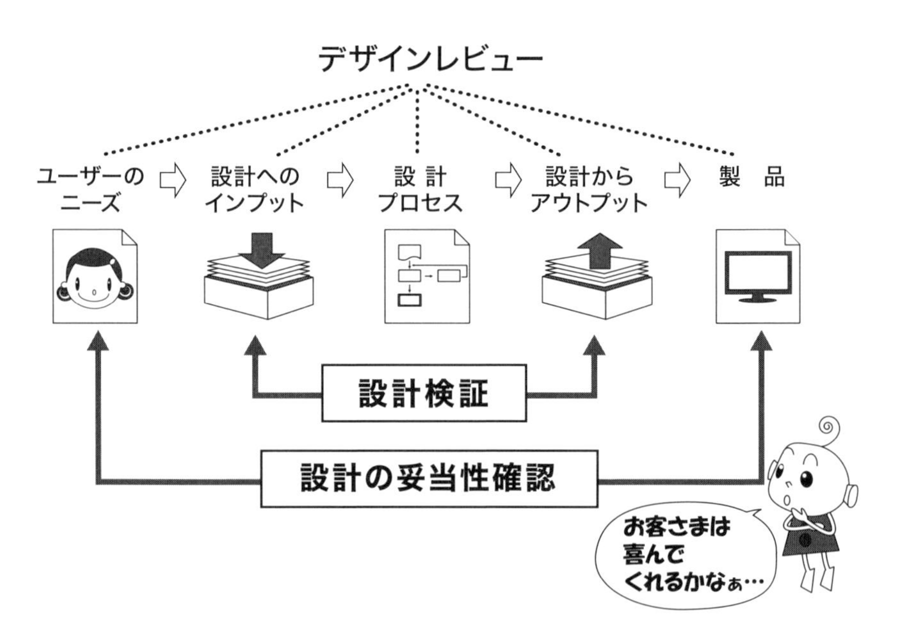

8.3.5 設計・開発からのアウトプット

設計・開発からのアウトプットを明確化します．その際，次の事項を考慮します．

① 設計・開発へのインプット（要求事項）を満たします．

② 設計・開発以降の業務（例：購買，製造，サービス活動）にとって適切な内容を明確化します．

③ 製造の基準，購買の発注基準，検査での合否判定基準など，監視・測定や検証活動の基準，合否判定基準を明確化します．

④ 目指すべき結果（例：設計の目標）やユーザーが安全かつ適切に使用するために必要な情報を明確化します．

⑤ 設計・開発からのアウトプットの記録を残します．

☞ 参考：7.5 文書化した情報

8.3.6 設計・開発の変更

① 設計・開発を変更する際は，変更による有害な影響が発生しないように変更内容を明確化し，レビューし，管理します．

② 設計・開発の変更活動に関して，次の記録を残します．

★設計・開発の変更情報（どこをどう変更したか）

★変更をレビューし，許可（承認）した情報

★有害な影響を防止するための処置の情報

（例：設計変更による有害な影響として発火の可能性が高まる場合は，それを防止するための取組み情報）

☞ 参考：7.5 文書化した情報

● ワークブック

[1] 製品・サービスの設計・開発の主管部門と関連部門は？

主管部門	
関連部門	

[2] 上記の業務に関するQMS文書があれば，記載してください.

[3] 製品・サービスに関する設計・開発を行う際に注意すべきリスク・機会と対策は？

No.	注意すべきリスク・機会	対　策
例	ABUNAI RISK! リスク：営業部門と設計・開発部門の連携が良くない.	開発する製品ごとにプロデューサーを決め，営業，開発，生産技術，品質保証情報を一元管理し，対話を進めさせ，チームとして機能させる.
例	好機会 CHANCE 機会：開発スピードを加速させるために，CAE(コンピュータを用いた解析技術）を幅広い場面で活用する.	外部のCAE専門組織と契約し，設計チームの一員としてどの段階（フェーズ）で何ができ，どのような効果があるか助言を得る.

8.4 外部から提供されるプロセス，製品及びサービスの管理（購買，外注など）

8.4.1 一 般

① 発注情報（要求事項）どおりに購買品が当社に納品されるように，また，外注情報（要求事項）どおりに外注先（外部委託先）がサービス（作業）を実施することを目指します．

② 次に該当する場合，外注プロセス（外注作業工程）や，購買する製品・サービスの管理方法を決定します．

★外注プロセスや，購買する製品・サービスを，自社の製品・サービスに意図的に組み込む場合（例：通常の部材の購買や，自社内の工程の一部を外注先が担当する場合）

★外注先・購買先から，製品・サービスが（当社に納品されずに）顧客に直接納品される場合

★自社内の業務プロセスの全部または一部を，外注が担当する場合（例：社内の一部工程を外注先が自社の構内または構外で担当している場合）

③ 外注先や購買先の評価，選定，再評価の基準を定め，評価などを実行します．

④ 外注先や購買先のパフォーマンス（実績）を監視する基準を定め，監視します．

⑤ 上記の活動に関して，また必要な処置（対応）について，記録を残します．

☞ 参考：7.5 文書化した情報

	A社	B社	C社
品質データ	○	△	◎
価格データ	○	◎	○
ISO 認証	○	△	◎
情報セキュリティ	○	○	◎

C社に発注しよう！

8.4.2　管理の方式及び程度

① 発注情報（要求事項）どおりに購買品が当社に納品されるように，また，外注情報（要求事項）どおりに外注先（外部委託先）がサービス（作業）を実施するように管理します．
(例：購買品の品質が不安定なため，顧客へ納品する完成品の品質が損なわれることがないように管理)

② 自社の QMS（品質に取り組むしくみ）の中で，外注プロセスを管理します．
(補足：外注先まかせにせず，きちんと外注プロセスを管理する．)

③ 外注プロセスや購買する製品・サービスが，顧客に納入する製品やサービスの品質要求事項や法令・規制要求事項にどのような影響を及ぼすかを考慮します．
[例：欧州向けの電子製品に関する製品含有化学物質規制（RoHS, REACH など）への対応として，購買品の含有化学物質を管理する必要がある．]

④ 外注プロセスや購買先の管理方法が有効かどうかを考慮します．

⑤ 外注プロセスや購買品の検証活動（例：部材の受入検査）を明確

化します.

8.4.3　外部提供者に対する情報

①　外注先に依頼する際や，購買先に発注する際は，依頼（発注）する前に，購買要求事項が妥当かどうかを確認します.
（例：発注前に注文書の確認や調達仕様の確認を行う.）

②　外注先や購買先に，必要に応じて，次の事項を伝えます.
⭑外注依頼事項，購買品の要求事項
⭑外注先や購買先の業務プロセスや使用設備の承認
⭑外注先や購買先の作業者に必要な力量や保有資格
⭑外注先や購買先のパフォーマンス（実績）の管理内容
（例：当社は受入検査の合格率を分析していることを伝達する，など）
⭑外注先や購買先の構内で，自社または顧客が検証・妥当性確認（受入検査など）を行うこと

● ワークブック

[1] 物品の購買，外注の主管部門と関連部門は？

	物品の購買	外注管理
主管部門		
関連部門		

[2] 上記業務に関する QMS 文書があれば，記載してください．

[3] 物品の購入，外注を行う際に注意すべきリスク・機会と対策は？

No.	注意すべきリスク・機会	対　策
例	ABUNAI RISK! リスク：外注したソフトウェアのプログラムの品質にバラツキがあり，保守対応しにくい．	外注先に開発標準を渡し，説明会を開催する．また，受入検査を入念に行い，指導する．
例	好機会 CHANCE 機会：物品購入先がネットでの発注システムを稼働させた．	ネット発注を活用し，当社の事務負担を減らす．ただし，自社として財務会計上どのように記録を残すかは検討が必要．

8.5 製造及びサービス提供

8.5.1 製造及びサービス提供の管理

① 製造・サービス提供活動を“管理された状態”（計画したとおりに実行される状態）にします．②以降で，“管理された状態”の例を示します．

② 製造・サービス提供活動に必要な文書を使えるようにします．
（例：必要な手順書や基準を配備する．）

☞ **参考：7.5 文書化した情報**

③ 監視用・測定用の資源（ハードウェア，ソフトウェア）を適切に使用します．

☞ **参考：7.1.5 監視及び測定のための資源**

④ 適切な段階で，監視・測定活動(検証，検査など)を実施します．

⑤ 業務プロセスの運用に必要な道具（例：施設，設備，計測器など）や業務環境を準備します．

⑥ 業務遂行に必要な力量（資格を含む）をもつ人を任命します．
（例：調剤薬局にて，薬剤師の国家資格をもつＡさんを管理薬剤師に任命する．）

⑦ ［通常は，製造・サービス提供後に検証（検査）を行い，品質をチェックしますが］検証（検査）を実施できない場合，その製造・サービス提供の業務プロセスの妥当性確認を行います．

⑧ ヒューマンエラーを防止する処置を考えて，実施します．

☞ **参考：第４章 4.4 ヒューマンエラー**

⑨ 製品・サービスのリリース（出荷）後，顧客への引渡し（納品）後の活動を，取決めに基づき実施します．
（例：品質保証期間内の製品の不具合の修理や，製品納入後のアフターサービス活動が該当する．有償実施，無償実施は，自社で決める．）

仕事の肝(きも)をズバッと共有するために標準化を推進します

ワークブック

[1] 製造・サービス提供の主管部門と関連部門は？

主管部門	
関連部門	

[2] 上記業務に関する QMS 文書があれば，記載してください．

[3] 製造・サービス提供を行う際に注意すべきリスク・機会と対策は？

No.	注意すべきリスク・機会	対 策
例	リスク：定年を迎える熟練技術者から，技術の伝承が進んでいない．	熟練技術者を交えてプロセスモデルを計画的に作り，当該プロセスのリスク・機会と対策を教えていただく．また定年退職後は契約社員（技術顧問）として短時間勤務をしていただく．
例	機会：IoT（モノのインターネット）や AI（人工知能）技術が発展し，当社の生産管理プロセスでも活用を進めたい．	製品の販売，在庫，生産情報をリアルタイムで把握するための IoT や AI 活用事例を収集し，自社にとって導入・維持・更新の費用対効果があるかを試算し，評価する．

8.5.2　識別及びトレーサビリティ

① 必要な場合，製造・サービス提供のアウトプットである製品・サービスを識別します．（例：現物への品名，管理番号，ロット番号などの表示）

② 監視・測定活動（例：検証，検査）を行った際，製品・サービスの状態を識別します．［例：検査の状態として，検査前，検査後（合格，不合格）という識別をする．］

③ 法的・規制要求事項や顧客との取決めなどで，製品・サービスのトレーサビリティ（追跡できること）が要求されている場合は，製品・サービスを追跡（トレース）できるように記録を残します．

☞ 参考：7.5　文書化した情報

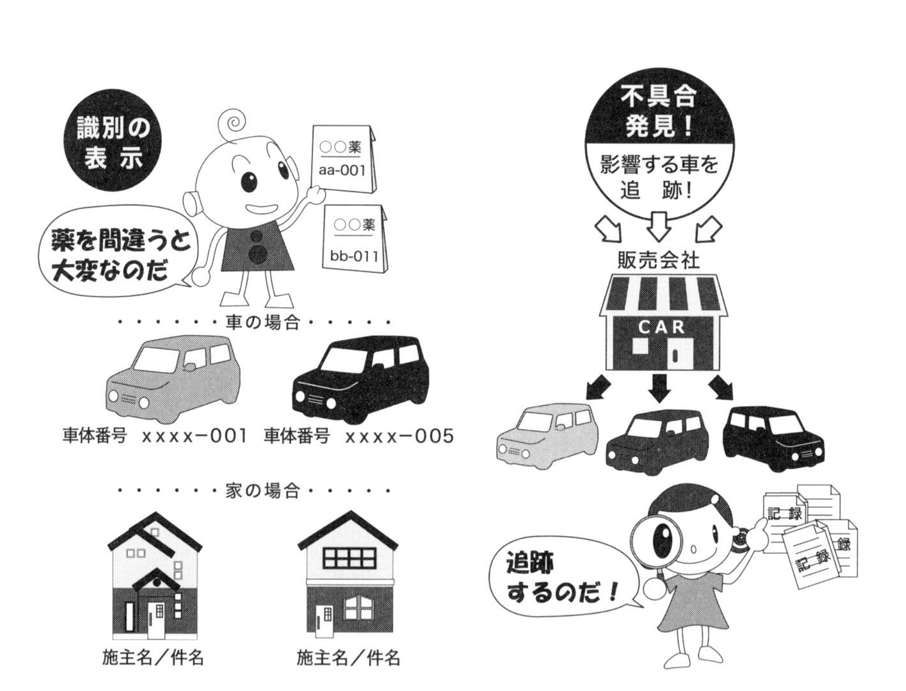

ワークブック

[1] 識別・トレーサビリティ業務に関する QMS 文書があれば，記載してください.

[2] 識別・トレーサビリティを行う際に注意すべきリスク・機会と対策は？

No.	注意すべきリスク・機会	対 策
例	リスク：（薬局において）薬品の中には薬品名が似たものがあり，注意しないと間違う.	注意すべき薬品の保管棚に“類似薬品名注意！”を赤で目立つように表示する．また，保管場所を離しておく.
例	機会：IC タグ（電波による識別用タグ）や関連する情報システムが安価になってきた.	IC タグのシステムが当社の製品の識別，トレースや所在地管理，棚卸し業務に活用できるかどうか，費用対効果を検討する.

8.5.3　顧客又は外部提供者の所有物

①　外部の持ち主（例：顧客，購買先，外注先など）の所有物（例：顧客からの支給品など）を自社が管理または使用している間は，この所有物に注意を払います．

②　この所有物の例

☆製品・サービスに組み込む材料，部品

☆製品・サービスの提供に用いる道具，設備，施設

☆知的財産（例：特許，ライセンス，著作権）

☆顧客などの個人情報

③　この所有物について，下記を実施します．

☆識別（例：後の返却などに備えて，所有者を表示する．）

☆検証（例：受領時に異常がないかをチェックする．）

☆保護・防護策（損傷を避けるために）

④　次の場合，所有物の持ち主（例：顧客，購買先，外注先など）に状況を報告し，記録を残します．

☆所有物を紛失した場合

☆所有物を損傷した場合，使用できなくなった場合

☞ 参考：7.5　文書化した情報

8.5.4 保 存

① 製造・サービス提供を実施している間（例：部材の搬入～仕掛品～完成品の出荷～顧客への納品までの間），アウトプット（製品・サービス）を，品質を損なわないように保存します．

② 保存上の考慮事項の例

☆識別

例：常温保存品，冷凍保存品（－○○℃以下保存）を識別

☆保管

例：製品の保管場所の環境（温度，湿度，衛生状態，ほこり，盗難防止など）に注意する．

☆取扱い

例：素手で触れてはいけない場合は，専用の手袋を使用する．

☆汚染防止

例：食品など体内に摂取するものは衛生的に保つ．

☆包装

例：製品やブランドイメージを損傷しないための包装

☆輸送

例：輸送環境（上記の保管と同様）に注意する．

☆伝送

例：メール，アプリなどで製品を伝送する場合，暗号化技術の利用などにより意図しないアクセスから保護する．

☆保護

例：壊れやすいものは，損傷しないように保護する．ソフトウェア製品，情報成果物であれば，コンピューターウイルスなどに感染することを防ぎ，また意図しないアクセスから保護するなど，リスクに応じた情報セキュリティ対策を施す．

8.5.5 引渡し後の活動

① 製品・サービスの引渡し後の活動を，顧客との取決めに基づき実施します.

② 引渡し後の活動の例（有償，無償のいずれかは取決めに基づく）

★品質保証書に記載された物品の修理や交換活動

★納品後のメンテナンスサービス

★製品のリサイクル，廃棄

③ 引渡し後の活動をどの程度まで行うかを，下記事項を考慮して決めます.

[考慮すべき事項]

★法令・規制要求事項（例：リコール関連法令など）

★製品・サービスに関する発生するかもしれない“望ましくないこと”（例：製品使用時や保管時の発火のリスク）

★製品・サービスの仕様，用途，業務環境
（例：どのような環境で，どのように使用されるか）

★製品・サービスの意図した耐用期間
（例：製品は，何年間どのような環境で使用されるか，何回使用されるかという使用状況の想定に応じて，耐用期間や耐用回数などを決定する.）

★顧客の要求事項

★顧客からのフィードバック情報（例：顧客からの苦情や要望）

[補足説明：耐用期間について]

顧客に対して耐用期間を宣言する場合，例えば製品安全の視点から工場出荷後 10 年間の耐用期間を設定した場合には，その耐用期間の修理や計画していた性能維持に備えて，下記を耐用期間の全期間において考慮します.

<耐用期間の全期間にわたり考慮すべき事項>

- ★修理用の部材の確保
- ★技術および技術者の確保
- ★修理などのアフターサービスに必要な設備（工具を含む）の確保
- ★必要な知見，文書や記録様式の確保
- ★部材調達先や外部委託先の確保
- ★製品にかかわるソフトウェアの更新（例：情報セキュリティリスク対応としての更新）

8.5.6 変更の管理

① 製造・サービス提供の変更が発生する際，要求事項（例：顧客の要求事項，法的・規制要求事項）を継続的に確実に満たすために，レビューし，管理します.

② 変更に関して，次の記録を残します.

- ★変更をレビューした結果
- ★変更を正式に許可した人（承認者）
- ★レビューした結果，必要な処置（対応すべき事項）

☞ 参考：7.5 文書化した情報

8.6　製品及びサービスのリリース（検査，納品など）

①　工程中の適切なタイミングで，製品およびサービスの要求事項を満たしているかどうかを検証します．（例：製品・サービスの検証，検査など）

②　計画した検証活動（検査など）が問題なく完了するまでは，顧客への製品・サービスのリリース（例：出荷，納品）を行ってはいけません．

③　ただし，自社の権限をもつ人が承認し，かつ顧客が承認したときは，顧客への製品・サービスのリリース（納品）を行うことができます（特別採用）．

④　自社は，製品・サービスのリリース（リリース前の検証，納品）について，記録を残します．この記録には次の事項を含みます．

★合否判定基準に適合した証拠（例：検査合格の記録）

★リリース（出荷・納品）を正式に許可した人（例：出荷責任者）を追跡できる記録（トレーサビリティの記録，例えばロット番号XXXは，誰が出荷の承認をしたかを追跡するための記録を残す．）

☞ 参考：7.5　文書化した情報

● ワークブック

[1] 製品・サービスのリリース（検査，納品など）の主管部門と関連部門は？

主管部門	
関連部門	

[2] 上記業務に関する QMS 文書があれば，記載してください．

[3] 製品・サービスのリリース（検査，納品など）を行う際に注意すべきリスク・機会と対策は？

No.	注意すべきリスク・機会	対　策
例	リスク：検査記録の検査項目が年々増え続け，一検体当たりの検査時間が増加傾向にある．	毎年○月に検査データ分析結果をもとに，検査記録の検査項目の必要性を検討し，3 年連続リスクが小さい場合にはその検査項目の除外を検討する．
例	機会：品種別の検査基準を表示し，結果を入力できるタブレットを検査工程に配備することにより，検査の効率性が向上する．	タブレット，関連する情報システムの利用者教育を実施する．また，システムに関連する情報セキュリティ対策を強化する．

8.7　不適合なアウトプットの管理（不適合な製品・サービスの管理など）

8.7.1

①　要求事項を満たさない不適合なアウトプット（製品・サービス，例えば不適合品など）の例

★社内の検査で発見された不適合な製品・サービス

★製品の引渡し（納品）後に発見された不適合品（例：製品のリコールなど）

★サービスの提供中，提供後に発見された不適合なサービス（例：修理サービス実施時，誤った設定をした場合など）

②　不適合な製品・サービスを間違って使用したり，納品したりしないように，確実に識別（例：適合品と区分け）し，管理します．

③　不適合の内容や，製品・サービスの適合に与える影響に応じて，適切な処置をとります．

（補足：影響が大きい場合は大きく対応，小さい場合は小さく対応するなど，リスクの大きさに応じて対応する．）

④　次の方法で，不適合な製品・サービスを処理します．

★修正（例：不適合箇所を手直しする．）

★不適合な製品・サービスを分離し，確保し，顧客への提供を停止します．

★顧客へ通知します．（例：特に納品後の不適合発見時）

★顧客から特別採用の正式な許可を得ます（必要に応じて）．

★不適合な製品・サービスを修正（手直し）した場合，要求事項を満たしているか検証（再検査）します．

8.7.2

不適合な製品・サービスについて，次項を満たす記録を残します．

- ★不適合の記録（例：検査記録の中で不適合の記録）
- ★不適合に対してとった処置の記録（どう対応したかの記録）
- ★特別採用の記録（例：顧客が特別採用を了承した記録）
- ★不適合に対する処置を決定した人の記録

☞ 参考：7.5　文書化した情報

パフォーマンス評価
(Performance evaluation)

9.1　監視，測定，分析及び評価

9.1.1　一　般

① 次の事項を決定します.

★監視・測定の対象（何を監視・測定するか）

★監視，測定，分析および評価方法（妥当な結果を確実にするため）

★監視・測定の実施時期（例：毎日，毎月など）

★監視・測定の結果の分析や評価の時期

② QMS（品質に取り組むしくみ）に関して，次の事項を評価し，記録を残します.

★パフォーマンス（実績）の評価（例：品質目標の実績の評価，品質目標以外の指標に対する実績の評価）

★ QMS の有効性の評価［例：内部監査やマネジメントレビューにおいて QMS が有効に機能しているか（自社の事業に QMS の PDCA サイクルが貢献できているか）を評価する.］

☞ 参考：7.5　文書化した情報

［補足説明］

監視・測定の対象の候補には，次があります.

① 品質目標

② 製品・サービス面の品質（例：Q 仕様・性能，C 価格，D 納期・期間の指標など）

③ それ以外に組織が把握する指標（例：品質目標ではないが，自部門で状況を確認するために設定している指標）

自社にとって，QMS の運用上，有効なものを決定します．その際に，監視，測定，分析，評価は，“何のために行うか（ねらい）”を決定し，そのねらいにとって適切な監視・測定対象を決定する，という順番は大切です．このねらいを先に決定しておかないと，監視，測定，分析，評価を実施しても，意図する改善に結び付きません.

● ワークブック

[1] 自部門の QMS（品質に取り組むしくみ）に関する監視・測定の対象は？

☞ 参考：第４章 4.3 品質目標事例集

QMS のねらい	業務名	監視・測定の対象 （パフォーマンス評価項目）
効率的・継続的な生産活動の推進	例：生産管理業務	一日当たりの ①生産能力 ②ライン停止時間 ③生産計画変更に伴う 段取り替えの作業時間 （人数×時間＋必要資源）

9.1.2　顧客満足

顧客が当社の製品・サービスや，当社をどのように受けとめているかの情報を収集し，（推移などを）監視し，レビュー（考察）します．

● ワークブック

[1] 顧客満足情報をもとに，どのような改善を実施しましたか？

顧客満足情報入手方法	注目すべき顧客満足情報	対応・改善状況
例：CS（顧客満足）アンケート	製品には使わない機能が多すぎる．機能を吟味し価格を下げては．	ターゲット顧客層にとって最低限必要な機能，あったら便利な機能を販売の現場で調査する．価格と機能のバランスをユーザー目線で再定義する．

9.1.3　分析及び評価

① 監視・測定から得た適切なデータ・情報を分析し，評価します．

② 分析の結果は，次の事項を評価するために用います．

分析・評価のねらい	関連 ISO 9001
製品・サービスの適合状況（例：検査での不適合率）	8.6，8.7
顧客満足度の状況	9.1.2，9.1.3
QMS のパフォーマンス（実績）と有効性	9.1.1，9.1.3
計画が効果的に実施されたかどうか	6.1，6.2，8.1
リスク・機会に取り組むためにとった処置の有効性	6.1，6.2，8.1，10
外部提供者のパフォーマンス（実績）（例：納入品の不適合率，重大品質問題の発生件数とその影響）	8.4，8.7，9.1
QMS 改善の必要性	9.2，9.3，10

情報・データ

- 製品・サービスの適合状況
  (例：検査情報など)
- 顧客満足度
- 購買先・外部委託先のパフォーマンス
  (例：納入品の品質データ)
- 計画が効果的に実施されたかどうか
  (例：計画に対する実績情報)
- リスク・機会への取組みの有効性
  (例：リスクの対策前／対策後の情報を比較評価し，取組みが効果をあげているかを調査)
- マネジメントシステムの
  - パフォーマンス(実績)
  - 有効性
  - 改善の必要性
    (例：QMS が意図した結果を出しているか，改善が必要かを上記の各情報分析結果を用いて評価)

9.2　内部監査

①　内部監査のねらい

★QMS(品質に取り組むしくみ)は，ISO 9001 を満たしているか

★自社が決めた要求事項が適切に実施されているかどうか

★ QMS が有効に実施されているか，維持されているか

②　監査プログラム（監査全体のしくみや計画）策定時の考慮事項

★監査をする業務プロセスの重要性

（例：リスク・機会が大きいプロセスは重点的に監査する.）

★変更［例：QMS（品質に取り組むしくみ，業務プロセスを含む)，人，インフラ，そして製品・サービスの変更など]

★前回までの監査結果

③　監査プロセスの客観性，公平性を確保して監査員を選定します.

④　監査結果を関連する管理層（管理職など）に確実に報告します.

⑤　監査を受けた部門（被監査部門）は，指摘事項があれば，すみやかに必要な修正，是正処置を行います.

⑥　監査プログラムの実施と監査結果を，記録として残します.

☞ 参考：7.5　文書化した情報

☞ 参考：第 4 章　4.4　内部監査の準備作業の重要ポイント

9.3　マネジメントレビュー

9.3.1　一　般

トップマネジメント（経営層）は，QMS（品質に取り組むしくみ）を，あらかじめ定めた間隔（例：年1回，半期に1回）でレビューします．

☆QMS（品質に取り組むしくみ）が適切，妥当，有効であるように

☆QMSが自社の戦略的方向性と一致するように

9.3.2　マネジメントレビューへのインプット

マネジメントレビュー（MR）を計画し実施する際，下記を考慮します．

マネジメントレビューへのインプット	関連 ISO 9001
前回までのMRの結果に対する対応状況	9.3.3
QMSに関する外部課題，内部課題の変化	4.1
QMSのパフォーマンス（実績）や有効性に関する情報（傾向，重要な情報）	9.1
顧客満足情報，密接に関連する利害関係者からの情報（ニーズ・期待，苦情など）	4.2，8.2.1，9.1，9.1.2
品質目標の達成度	6.2，9.1
プロセスのパフォーマンス（実績），製品・サービスの適合状況（不良率など）	9.1，(8.7)
不適合，是正処置	9.1，10
監視・測定の結果	9.1
内部監査結果	9.1，9.2
外部提供者のパフォーマンス（実績）	9.1，(8.4)
資源の妥当性（例：人，教育，インフラ，知的財産）	7
リスク・機会に取り組むためにとった処置の有効性	6.1，9.1
改善の機会	6.1，9.1，10

9.3.3　マネジメントレビューからのアウトプット

①　マネジメントレビューからのアウトプットには，次項に関する決定や対応指示を含めます．

マネジメントレビューからのアウトプット	関連 ISO 9001
改善の機会（何を改善すべきか）	10
QMS（品質に取り組むしくみ）の変更指示	6.3，（8.5.6），10
必要な経営資源（例：組織体制，人，教育，インフラ，知識，業務環境）	7

②　マネジメントレビューの結果を記録として残します．

☞ 参考：7.5　文書化した情報

改　善
(Improvement)

10.1　一　般

10.2　不適合及び是正処置

10.3　継続的改善

10.1　一　般

①　下記を目的として，改善の機会（何を改善するか）を決定し，その実現に向けて必要な取組みを実施します．

[改善の目的]

★顧客要求事項を満たす．

★顧客満足を向上させる．

②　改善活動には，次を含みます．

★要求事項を確実に満たすことはもちろん，ターゲット顧客の将来のニーズ・期待に取り組むために，製品・サービスを改善する．

☞ **参考：4.2　利害関係者のニーズ及び期待の理解**

★望ましくない影響が発生していれば修正し，防止し，低減させる．

☞ **参考：6.1　リスク及び機会への取組み**

★QMS のパフォーマンス（実績）や有効性を改善する．

③　改善活動の考え方には，次があります．

★修正（例：復旧処置，暫定処置）

★是正処置（例：根本原因の追究と再発防止策）

★継続的改善（例：改善活動を単発の活動ではなく，継続的に実施し，自社・組織の文化にする．）

★現状を打破する変更（例：現在の取組みにとらわれない変更）

★革新（イノベーション）

（例：“望ましい姿”を明確にし，そこから逆算して達成計画を策定し，PDCA サイクルを回し，“望ましい姿”に近づく．その際，現在の取組みやしがらみ，前提条件にとらわれず，純粋に“望ましい姿”を追い求めることが肝要．）

★組織再編

10.2　不適合及び是正処置

10.2.1

不適合（苦情を含む）が発生した際は，下記を実施します．

① 不適合を管理します（例：識別，隔離，誤使用を避ける）．

② 不適合とその影響範囲について修正（復旧処置，暫定処置）します．

③ 不適合の内容を確認，分析し，原因（特に根本原因）を明確にします．

④ 類似の不適合がないか，ほかのところで発生しないかどうかを検討します．

⑤ 明確化された不適合のもつ影響に応じて，適切な規模，深さの是正処置（不適合の原因を除去するための処置，再発防止策，恒久処置）を実施します．

⑥ 実施した全ての是正処置が有効かどうかをレビューします．

⑦ 該当する業務プロセスについて，以前計画（検討）した際，明確にしたリスク・機会について，今回得た情報をもとに必要時，更新します．

☞ **参考：6.1　リスク及び機会への取組み**

⑧ QMS（品質に取り組むしくみ）を，必要時，変更します．

☞ **参考：6.3　変更の計画**

10.2.2

不適合の内容やそれに対する全ての処置，是正処置の記録を残します．

☞ **参考：7.5　文書化した情報**

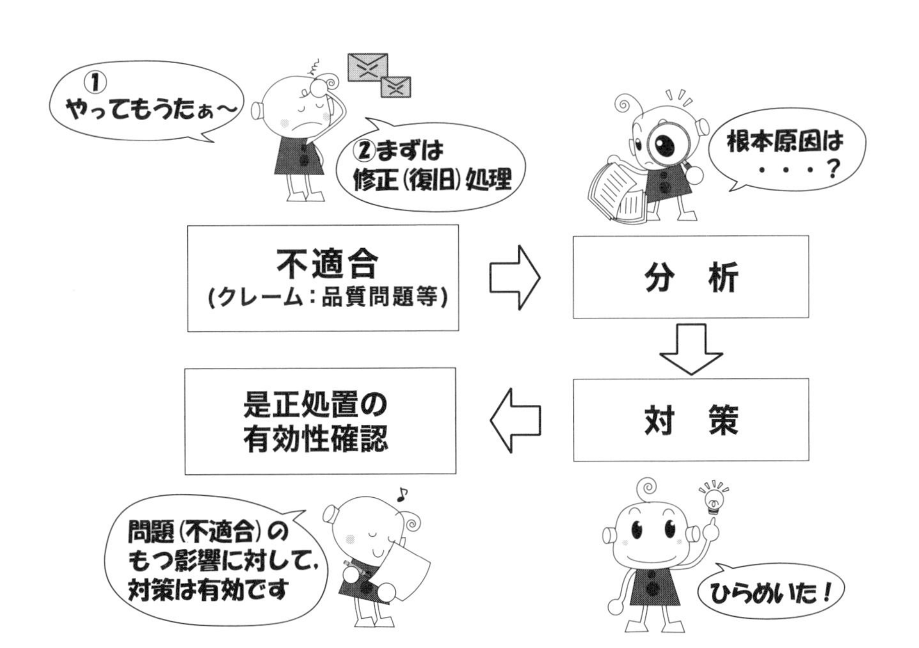
①
やってもうたぁ～
②まずは
修正(復旧)処理
根本原因は
・・・?
不適合
(クレーム:品質問題等)
分 析
対 策
是正処置の
有効性確認
問題(不適合)の
もつ影響に対して,
対策は有効です
ひらめいた!

10.3　継続的改善

①　QMS（品質に取り組むしくみ）を，下記の観点で継続的に改善します．

⭑ QMS の適切性の改善（例：ISO 9001 への適合性を改善）

⭑ QMS の妥当性の改善（例：現場の実務内容や業務担当者の力量に対して QMS が妥当であるように改善）

⭑ QMS の有効性の改善［例：より品質パフォーマンス（実績）向上に貢献できるように，また時間当たりの効率性が向上するように改善］

②　継続的改善活動を進める際，下記も検討します．

⭑ 分析・評価の結果

☞ 参考：9　パフォーマンス評価

⭑ マネジメントレビューからのアウトプット

☞ 参考：9.3.3　マネジメントレビューからのアウトプット

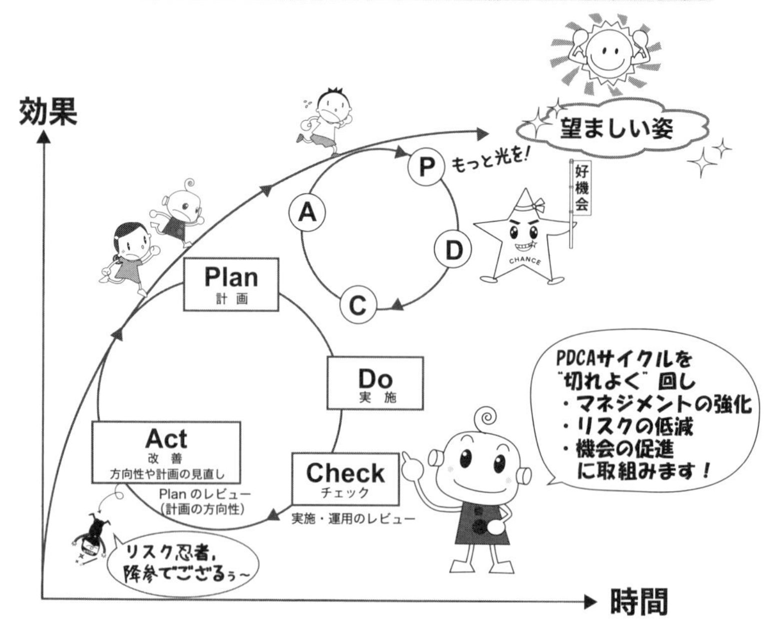

見るみるQ 資料編

4.1 プロセスアプローチ

① プロセスのつながり

日々の業務は，業務プロセスがつながって構成されており，常にそのつながりを意識することは重要です．例えば，ある業務プロセスを変更する際は，他のプロセスへの影響を十分に分析して，必要時，関連プロセスも変更し，全体的にプロセスの目的が達成できるように改善活動を進めることが肝要です．ときおり，ある業務プロセスを変更した際に，関連プロセスの分析が不十分で，結果として全体的に整合性がとれないため，製品・サービスの品質問題につながることがあります．

② プロセスのつながりと改善活動

プロセスの改善を行う際は，前後の業務プロセスも分析し，整合性を保ちます．そして計画している“パフォーマンス（実績）”を達成するために，プロセスの全体最適化を目指します．

③ プロセスの見える化

プロセスアプローチのねらいの一つに“プロセス改善活動”があります．プロセスを分析し，そのねらいや目標を達成するために，プロセスの改善，革新を推進します．

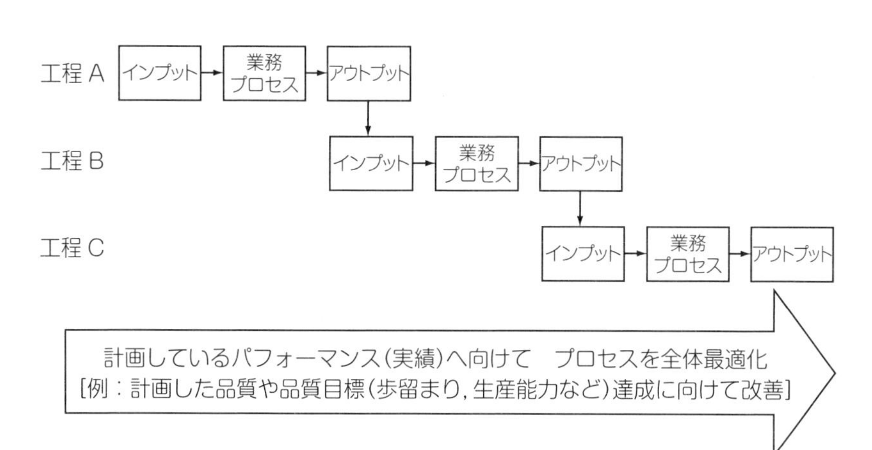

次の図は，“見るみるプロセスモデル”を用いたプロセスの見える化の事例です．例えば，ある家電の修理サービス業務（修理業務プロセス）で，修理後の同一現象の再発を低減させることがねらいの場合，その達成に向けて下図のようにプロセスを“見える化”すれば，どこを改善，革新すればよいか，どこを変えればどこに影響があるかを把握しやすくなり，改善，革新活動（イノベーション）を効果的に進めることができます．

プロセスの見える化［事例］（見るみるプロセスモデルを用いて）

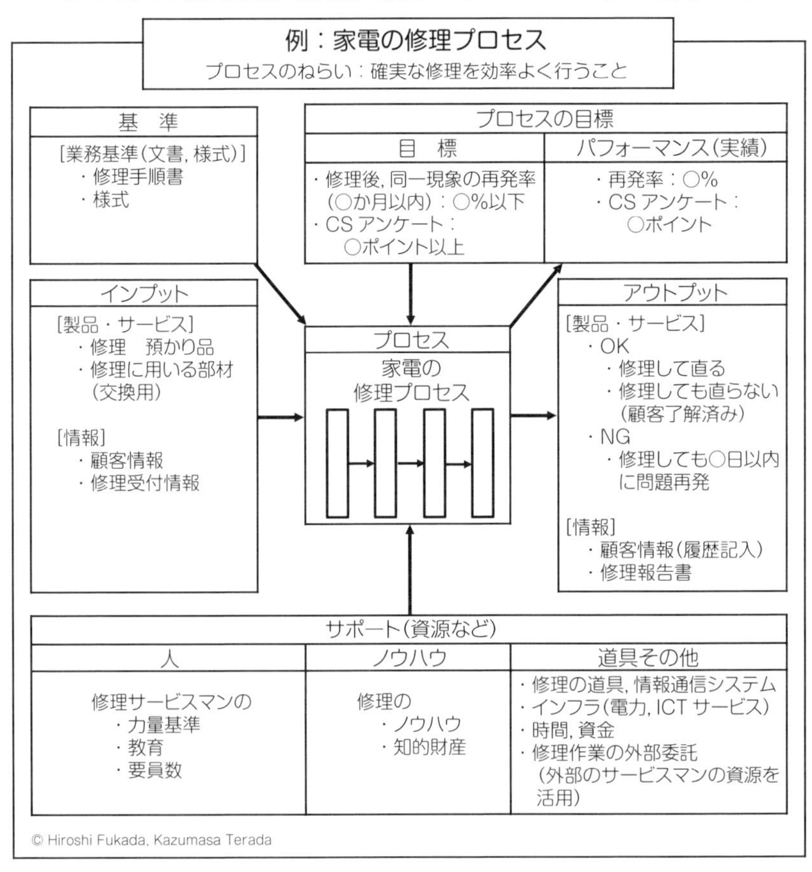

● ワークブック：プロセスの見える化

自分が担当する業務や分析したい業務について，“見るみるプロセスモデル”を用いて，プロセスの見える化をしましょう．また，プロセスのねらいや目標を達成するためにはどこを変えると効果的か，組織内での検討をおすすめします．

プロセスの見える化（見るみるプロセスモデルを用いて）

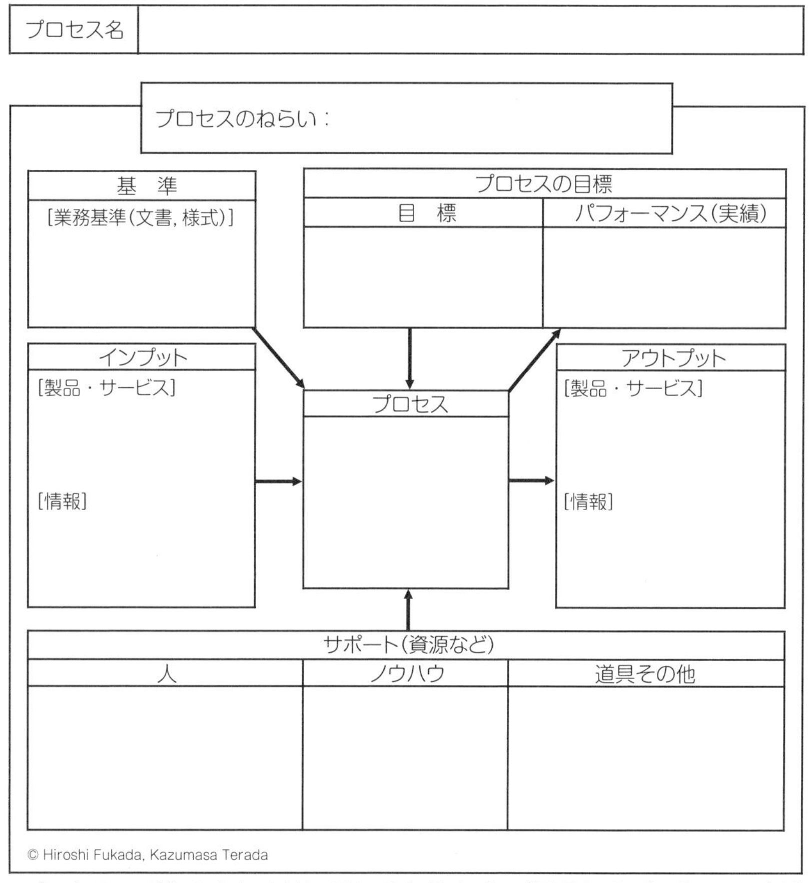

※プロセスモデルの表し方はいろいろあります．“見るみるプロセスモデル”は，本書が提案する一つのモデルです．

4.2　SWOT（スウォット）分析の事例

ISO 9001　4.1 組織及びその状況の理解，4.2 利害関係者のニーズと期待のまとめ方の一例として見るみるISO流にアレンジしたSWOT分析の事例を記載します．

SWOT分析事例（見るみるQ版）

組織の目的		当社の工作機械，生産ラインの自動化ソリューションを通じて，顧客の生産ラインの生産性，柔軟性および製品品質の精度を高め，顧客の現在・将来の事業目的達成に貢献する．
	好ましい［機会（opportunities）に関連］	
外部環境	Opportunities（機会）	
外部環境	利害関係者	主な組織の状況 ［当社が重要視する課題，利害関係者のニーズ，期待を含む］
外部環境	顧客	主要顧客である○○業が好況で，設備更改やサブスクリプション（例：利用料契約）へのニーズ・期待が高まる．
外部環境	顧客	より時間あたりの生産能力が高く，精度が高く，労働安全衛生面を深く考慮した製品へのニーズ・期待が高まる．
外部環境	顧客	一人のオペレーターが，リモートで操作・管理可能な製品（機械）の台数を増加させたいというニーズ・期待が高まる（現場の人不足対応にもなる）．
外部環境	顧客	生産の突発停止頻度を減少させたという顧客のニーズ・期待を実現するのに必要なAIが進化してきた［製品（機械）の搭載センサーからのデータを分析するAIが進化し，ラインの調子を細かく迅速に検知し，調整・対応できるようになってきた］．
外部環境	協業組織	○○国のマーケットにおいて，営業力・サービス力のある現地の販売代理店と提携している．
外部環境	協業組織	当社に協力的かつ技術力の高い購買先，協力会社が多い．
外部環境	協業組織	SDGs，脱炭素，ICT等の新しい潮流が，利用可能技術の広がりにつながる．
外部環境	規制当局	製品含有化学物質法令等（RoHS，REACHなど）に関するマネジメントシステムが有効に機能している．
内部環境（自社）	Strengths（強み）	
内部環境（自社）	利害関係者	主な組織の状況 ［当社が重要視する課題，利害関係者のニーズ，期待を含む］
内部環境（自社）	自社	長期的な研究開発を行える社風
内部環境（自社）	自社	企画，開発，製造，販売で“現場主義”が文化として定着している．
内部環境（自社）	自社	顧客と緊密な関係を構築しているベテラン営業マンがいる．
内部環境（自社）	自社	ISO 9001導入により，業務プロセスの標準化，ノウハウの共有・活用がさかん．
内部環境（自社）	自社	品質面，安全面のヒヤリハットの抽出・共有・活用・更新が活発
内部環境（自社）	自社	人間的に真摯（しんし）であたたかい人が多く，コミュニケーションが良い．
内部環境（自社）	自社	外部の知見の導入や人材育成を活発に行い，個人が力量を継続的に向上させる文化が根付いている．
内部環境（自社）	自社	リモートワークが浸透し，遠隔地の近親者介護，育児，大規模災害への備えの強化につながる．

■ SWOT（スウォット）分析事例［生産設備（工作機械）メーカー］

下記は生産設備（工作機械）メーカーを想定した事例で，「主な組織の状況」欄に外部・内部課題（好ましい／好ましくない状況），利害関係者の要求事項（ニーズ・期待）を記載しています．

戦略的方向性	顧客のビジネス課題(マーケティング面，ものづくり面，サプライチェーン面，経営資源面)を徹底的に研究し，現在および将来価値を見据えた最適な製品･ソリューションサービスを提供する．	
好ましくない［リスク（risks）に関連］		
Threats（脅威）		外部環境
利害関係者	主な組織の状況 ［当社が重要視する課題，利害関係者のニーズ，期待を含む］	
競合会社	アジア系競合企業の競争力向上（人材面，技術面，価格面，サービス面）．製品面では特にAIを含めたICTサービス機能が強化され脅威に．	
顧客	顧客から非常に高スペックの仕様を求められ，技術的な検証を十分せずに営業的に受け入れると，後日，開発・提供できず，契約不履行になるリスクがある．	
顧客	新製品の出荷後1年以内不良率の高まり(ソフトウエア，ネットワーク関連機能の不具合の増加)	
規制当局 協業組織	製品含有化学物質（RoHS，Reach等）の種類が増加し，法整備を行う新興国が増加してきた．また，部材の新しい仕入先を海外も含めて開拓するにつれ，サイレントチェンジリスクがより高まっている．	
協業組織	サプライチェーンやその関連会社がサイバー攻撃を受けると，復旧まで生産を停止せざるをえなくなる［AIの普及（コモディティ化）によりセキュリティリスクはより高まる］．	
金融環境 協業組織	資源（石油，天然ガス，レアアース等）の価格上昇や入手困難，物流費の上昇，世界の紛争や災害により製品・サービスコストが上昇	
地球環境	気候変動により日本の夏期は猛暑日が増えている．製品を構成する部材の温度や紫外線による品質面の負の影響を新しい試験条件で評価し，対応する必要がある．※	
地球環境	気候変動（台風，線状降水帯等）の影響により通勤時の交通手段が運休するリスクが高まる（当組織は，リモートワーク環境の整備により対応している）．※	
Weaknesses（弱み）		内部環境（自社）
利害関係者	主な組織の状況 ［当社が重要視する課題，利害関係者のニーズ，期待を含む］	
自社	部材・モジュールの共通化，設計フレームワークの標準化が遅れている（在庫，工数増の要因）．	
自社	じっくり考える社風が意思決定を遅くし，時にビジネスチャンスの喪失につながる．	
自社	海外市場の伸びに対して，海外営業マンの育成が遅れている．	
自社	ベテラン正社員が引退される際，ノウハウの伝承がうまくいかない（顧問や契約社員等にて引き続き若手の育成に従事してもらっている）．	
自社	IoT（モノのインターネット）やAI（人工知能）関連製品に必要なソフトウェア，ネットワーク，情報セキュリティ技術者の不足	
自社	製品販売後の有償アフターサービス事業を強化したいが，人材育成が遅れている．	
自社	JIT(ジャストインタイム)導入により在庫が少なく，大規模災害（大地震，津波，パンデミック，紛争，サイバーテロ）発生時はサプライチェーンが途切れ，復旧に日数がかかる．	
自社	主要設備の老朽化による“チョコ停”頻度の増加に伴うロス，更改に伴う設備投資金額の増加（B/S，P/Lへの影響）	

※ ISO 9001:2015/Amd.1:2024 品質マネジメントシステム―要求事項―追補1：気候変動対応に関連

4.3　品質目標　事例集

新年度に向けて検討する品質目標（ISO 9001 6.2 品質目標及びそれを達成するための計画策定）の参考事例をまとめました．必要に応じて活用してください．

分　類	品質目標の参考事例
営　業	顧客へのアプローチ回数，営業提案件数
	重要顧客や競合会社の事業分析件数
	顧客へ成果物提出時（プレゼンテーション時）の手戻り回数
マーケティング	顧客満足度の向上(CS アンケート, 昨年度比○%アップ)
	経営層・上位管理職による顧客訪問回数（経営層・上位管理職しか引き出せない中長期的な顧客のニーズ・期待や営業担当者への率直な感想と期待，顧客満足情報を収集し，以降の営業や業務改善に活用)
	顧客のリピート率　○%
	当初販売計画に対する実績（マーケティングの業務品質，顧客との親密な関係の度合いが影響する)
商品開発	新製品の開発状況（当初計画に対する進捗状況）
プロセス順守	内部監査での重大不適合件数＝０件
	品質・環境・情報セキュリティ，内部統制などの法令における故意的違反＝０件
プロセス改善	内部監査での改善提案件数（昨年度比○%アップ）
	業務プロセス改善件数（計画に対する実績）
	主要業務の標準工数（作業時間）削減
	品質ヒヤリハット発見件数（昨年度比○%アップ）
	有給休暇利用状況（昨年度比○%アップ） (プロセス改善や業務の平準化の成果)

分　類	品質目標の参考事例
プロセス改善	規定，業務マニュアル，様式の改善回数（改版回数）
	外部審査前，内部監査前の準備作業時間の削減 （ISO 運用負荷の低減）
	財務会計（内部統制）・品質・環境・情報セキュリティ・個人情報保護など，マネジメントシステムの統合によるプロセスのシンプル化進捗度
プロセス管理	作業計画（当初版）に対する実績の整合率 （当初の作業計画の精度を高め，段取り変更を減らす）
個人の スキル向上	研修機会の活用（一人当たり研修受講時間　○時間以上） （組織として，スキル向上機会を提供）
	自分のキャリアパスの更新状況（計画と実績）
	資格などの取得目標に対する資格取得率
	内部監査員の増員， 内部監査員スキルアップ研修の受講増加
	ISO 委員の経験率 （任期制にし，交代によるスキル向上）
	好事例共有化のしくみを構築し，ナレッジの活用率を向上
インフラ	設備の“チョコ停”予防を目的に，リスクに応じた設備の計画的更改
利益率	主要なプロジェクト型案件について，当初予定工数と実績工数の差異の縮小（案件を選択して行う．ただし，ここでの予定工数はリアルな予定工数であり，営業的な見積り根拠としての工数ではない．）

4.4　ヒューマンエラー

何をヒューマンエラーとするかは，企業や組織ごとに定義が異なると考えます．下記は，その考え方の一例（参考情報）です．貴社内において，必要な範囲で活用してください．

① ヒューマンエラー（human error）とは？

⭑人為的なミス

⭑JIS Z 8115:2000 では，“意図しない結果を生じる人間の行為”と定義される．

⭑例えば，その業務に必要な力量を十分もつ人が，いつもは問題なく業務を遂行しているが，あるときたまたまミス（不本意な結果）をしてしまう．その人為的なミスをヒューマンエラーという．

② ヒューマンエラーが起こる原因

注意不足（集中力不足，疲労，モチベーション低下などによる）

→ただし，人間である以上，注意不足は誰もがあり得るのが現実

⭑過去問題がなかったので，今後も問題ないであろう，という希望的観測による注意不足

⭑慣れからくる正しい手続きの省略

⭑業務プロセスが複雑すぎる（業務プロセスが，目指すべき標準業務時間に対して複雑すぎる，管理ポイントが多すぎる）．

⭑忙しすぎて，注意しきれない．

⭑集中しにくい業務環境（騒がしい，問合せが多く業務の中断が多い，内線・外線電話が多い，会議が多い）

③ 組織活動でのヒューマンエラーの発生

⭑ヒューマンエラーは，個人でも，組織活動でも発生します．

⭑組織活動では，ほかの人が対応してくれている“はず”，という勘違い，コミュニケーション不足，相手に対する遠慮（場の空気を読んでリスクを表に出さないなど）が原因となり得ます．

④　予防策

★万が一はめったにない，ではなく“万が一は人間なので十分あり得る”という前提で業務プロセスを組みます．

★物理的にできなくする．

　例えば組立工程では，勘合の形状を変えて，向きを間違った場合には，はまらないようにするなど．

★自動化

　ヒューマンエラー予防に有効です．ただし，前提条件の漏れ，イレギュラー発生時はリスクになり，幅広い想定が必要．

★より気付きやすく

　見える化，音声発信，動作（指さし確認など），PC の画面サイズや紙を大きくする，色を使うなど

★ダブルチェック

　急いでいるとき，緊張しているときほどダブルチェックが必要です．トラブル対応時には特に．ただし，形だけのダブルチェックは，かえってリスクになります．承認者が単位時間当たりに多くのチェックをこなす場合は，チェック機能が働きません．

★モニタリング

◦別の人（またはシステム）が状況をモニタリングします．

◦ IoT（モノのインターネット）や AI（人工知能）を活用すると，遠隔でヒューマンエラーの予兆をモニタリングしやすくなります．

4.5　内部監査の準備作業の重要ポイント

内部監査の品質（例：俯瞰(ふかん)的な立場から，被監査部門が気づいておらず，かつ重要なリスク・機会を検知できたかどうか，指摘事項は根本原因を突き止めることができたかどうか，現場に寄り添って良きアドバイスができたか）を向上するには，監査前の準備の品質をあげることが重要です．

次に，その準備事項の事例を表します．

［監査の事前準備（品質上の重要事項の事前調査）］

①　被監査部門の“品質上の重要事項”を事前調査します．

⭑被監査部門の概要
- ◦部門のミッション
- ◦部門の組織図，体制，業務の概要
- ◦場所，広さ，重要な設備の配置
- ◦業務に関連する文書

⭑被監査部門の課題
- ◦過去の監査情報，MR（マネジメントレビュー）からの課題
- ◦会社全体の方向性・課題の中で，被監査部門に関連する事項（組織の目的，戦略的方向性，外部・内部課題，リスク・機会）
- ◦品質関連法令など，利害関係者との同意事項
- ◦過去の品質問題・品質面のヒヤリハット（自社および同業者）
- ◦品質目標（課題との関連性を確認，PDCA 推進状況）
- ◦困りごと，課題

② 現場の業務の流れを事前に調査します.

- 業務の流れ（文書，業務フローなどにより確認）
- 情報の流れ（様式の流れ，情報システムのフローにより確認）
- 物品・サービスの流れ（現場で確認）
- 社内の他組織との関連（前工程，後工程，類似工程など）
- 現場の忙しさと理由（なぜ忙しいのか）

③ 品質に関する“新規・変更事項”を調査します.

- 組織，体制，敷地，工程，設備の新規・変更事項
- 品質関連法令などの新規・変更事項
- 製品・サービスの新規・変更事項
- 協力会社（購買先，外部委託先）の新規・変更事項

☆これらについて，事前に文書で確認したり，現場への下調べにより確認しておけば，当日は密度の濃い監査を行うことができます.

4.6 各部門とISO 9001要求事項の関連（製造業の参考事例）

各部門とISO 9001要求事項の関連は，企業・組織ごとに異なりますが，製造業の参考事例を記載します．（一部表現を短縮しています．）

ISO 9001 ＼ 部門名	
4 組織の状況	
4.1 組織の状況，4.2 利害関係者のニーズ及び期待	
4.3 品質マネジメントシステムの適用範囲の決定	
4.4 品質マネジメントシステム及びそのプロセス	
5 リーダーシップ	
5.1 リーダーシップ及びコミットメント	
5.2 方針，5.3 組織の役割，責任及び権限	
6 計画	
6.1 リスク・機会への取組み，6.2 品質目標	
6.3 変更の計画	
7 支援	
7.1 資源（Resources）	
7.1.1 一般，7.1.2 人々	
7.1.3 インフラストラクチャ	
7.1.4 プロセスの運用に関する環境	
7.1.5 監視及び測定のための資源	
7.1.6 組織の知識	
7.2 力量，7.3 認識	
7.4 コミュニケーション，7.5 文書化した情報	
8 運用	
8.1 運用の計画及び管理	
8.2 製品及びサービスに関する要求事項	
8.3 製品及びサービスの設計・開発	
8.4 外部から提供されるプロセス，製品及びサービスの管理	
8.5 製造及びサービス提供	
8.6 製品及びサービスのリリース	
8.7 不適合なアウトプットの管理	
9 パフォーマンス評価	
9.1 監視，測定，分析及び評価	
9.1.1 一般，9.1.3 分析及び評価	
9.1.2 顧客満足	
9.2 内部監査，9.3 マネジメントレビュー	
10 改善	

自部門に関連するISO 9001要求事項を検討する際や，内部監査のチェック項目を検討する際の参考としてご活用ください．

◎主管部門　○関連部門

経営層	管理責任者	事務局	各部門責任者	営業	設計	購買	生産管理	製造部門	品質保証	物流	サービス	情報システム	総務	ISO 9001
◎	◎	◎	◎	◎	◎	◎	◎	◎	◎	◎	◎	◎	◎	4.1，4.2
○	◎	◎												4.3
○	◎	○	◎	○	○	○	○	○	○	○	○	○	○	4.4
◎	◎	○	◎											5.1
◎	◎	○	◎	○	○	○	○	○	○	○	○	○	○	5.2，5.3
◎	◎	◎	◎	◎	◎	◎	◎	◎	◎	◎	◎	◎	◎	6.1，6.2
	◎	○	◎	○	○	○	○	○	○	○	○	○	○	6.3
○	○	○	◎	○	○	○	○	○	○	○	○	○	○	7.1.1，7.1.2
			○		○	○	○	◎	◎	◎	◎	◎		7.1.3
			○	○	○	○	○	◎	◎	◎	◎	○	◎	7.1.4
					○	○	○	◎	◎	◎	◎	○		7.1.5
	○	○	◎	◎	◎	◎	◎	◎	◎	◎	◎	◎	◎	7.1.6
	◎	◎	◎	◎	◎	◎	◎	◎	◎	◎	◎	◎	◎	7.2，7.3
	◎	◎	◎	◎	◎	◎	◎	◎	◎	◎	◎	◎	◎	7.4，7.5
			◎	◎	◎	◎	◎	◎	◎	◎	◎			8.1
				◎	◎	○	◎	○	○	○	◎			8.2
				◎	◎	○	○	○	○	○	○			8.3
					◎	◎	◎	◎	◎	○	○	○	○	8.4
			◎	○	○	○	◎	◎	◎	◎	◎			8.5
				○	○	○	◎	◎	◎	◎	◎			8.6
					○	◎	○	◎	◎	◎	◎			8.7
○	◎	◎	◎	◎	◎	◎	◎	◎	◎	◎	◎	◎	◎	9.1.1，9.1.3
			◎	◎	○	○	○	○	◎	○	◎			9.1.2
◎	◎	◎	◎	○	○	○	○	○	○	○	○	○	○	9.2，9.3
○	◎	◎	◎	◎	◎	◎	◎	◎	◎	◎	◎	◎	◎	10

4.7 自社・組織の ISO 年間活動スケジュール

⋆自社・組織で年間計画を策定する際の参考資料です.

■ 20XX-XX-XX

自社活動	目標管理	①	組織の状況分析［SWOT（スウォット）分析など］
		②	中期経営計画の策定・中間見直し
		③	年度の組織目標（全社，各部門）の策定
		④	組織目標を品質，環境，ISMS 等の視点から関連性を検討
		⑤	組織目標を各担当者へ展開
		⑥	個人目標の策定，中間面談，見直し
		⑦	組織目標，個人目標の達成度を確認し，対策強化（PDCA）
	内部監査	①	内部監査　年間計画策定・周知
		②	内部監査　個別計画策定・周知
		③	内部監査　実施・報告
		④	内部監査　是正処置・改善，フォローアップ監査
	文書見直し	①	QMS（品質）文書の見直し・改訂作業
		②	EMS（環境）文書の見直し・改訂作業
		③	ISMS（情報セキュリティ）文書の見直し・改訂作業
	MR	①	マネジメントレビュー（MR）情報収集
		②	マネジメントレビュー（MR）実施・記録作成
		③	マネジメントレビュー（MR）課題対応
	規格改定対応	①	新 ISO の理解（書籍や研修を活用）
		②	現在の MS と新 ISO のギャップ（差分）分析
		③	新 ISO に基づく MS の見直し（例：文書のスリム化と改訂）
		④	現場の実務担当者に新しい MS の説明
		⑤	新 ISO に基づく MS の運用
外部審査	品質	①	ISO 9001 審査受審
	環境	②	ISO 14001 審査受審
	ISMS	③	ISO/IEC 27001 審査受審

※ MS：マネジメントシステム（しくみ）

月	月	月	月	月	月	月	月	月	月	月	月

※ QMS：品質に取り組むしくみ　EMS：環境に取り組むしくみ

あとがき

阿波おどりの“えらいやっちゃ，えらいやっちゃ，ヨイヨイヨイヨイ，踊るあほうに見るあほう，同じあほなら踊らにゃ損々”というフレーズがとても好きです．

当たり前ですが，人間の１日の持ち時間には限りがあり，多くの人が元気で起きている日々の時間，日数，年数の多くを仕事に割り当てているのが実情と考えます．

組織は，働く個人が生命のかけらである時間を，どのように使うと自分らしい時間をもつことができ，個人も組織も幸せになれるのか．その課題に対する処方箋の一つが“標準化”による時間当たりの生産性向上（価値向上）と考えます．日々の様々な業務の中で，ボリュームがありリピートタイプの業務の“標準化”や“見える化”を推進し，仕事の仕方を変えて標準業務時間を圧縮し時間を捻出します．その時間を新しい仕事，ややこしい仕事，そして家族や仲間とのプライベートに活用できるように準備することが，標準化のねらいの一つと考えます．

では，品質面の業務管理を最低限どこまで行おうか，そのヒントになるのが ISO 9001 です．しかし，うまく使わないと足かせになります．

ISO 9001 は，字面（じづら）にとらわれることなく，主旨（何のためにその要求事項はあるのか）を重視することが大切です．事業目的達成を目指し，PDCA サイクルを全員参画で回し，結果としてパフォーマンス（実績）を向上させることがねらいであり，ISO 9001 はそれを達成するための道具（ツール）です．そう，道具にすぎません．

そのためには，まず“望ましい姿”を明確にし，それを実現するための“しくみ”について関係者が知識，経験，智恵，ひらめき，カンを顔と顔を合わせて出し合います．その際，過去の成功体験やしがらみをスパッと捨てて，“純粋な気持ち”，“俯瞰的かつ新鮮な視点”，“相手を尊重する眼差し”をもつことがコツです．そして“当社はこうする”と決断し，退路を断ちます．その後でISO 9001を当てはめます．この順番を間違え，ISO 9001に本業を当てはめようとすると，規格の主旨からそれてしまい，本末転倒になります．ISO規格ありきではなく，現場ありき，何よりも現場で働く人々の実務や貴重な時間ありきです．

品質面の業務改善において，例えばリスクの事前検知方法や問題再発防止策について“あなたはどう思いますか？”という問いかけに対して，“自分はこう考えます”と言い切り，自ら実行することがマネジメントにおいて大切ですが，ISO規格には物事を多角的に考えるヒントが詰まっています．ISO規格に踊らされるよりも道具として使って，自社・自分で好きなように踊ったほうが楽しく，それがシステム思考の定着や一人ひとりの頭の筋肉（考える力）の強化につながると考えます．

ということで，♪どうせ見るなら使わにゃそんそん♪，とISO規格も本書も，自社・自分が思い描く“望ましい姿”に近づくための“対話”を行う際の楽しいヒントとしてご活用いただければ幸いです．

いざっ！

著者代表　株式会社エフ・マネジメント　深田　博史

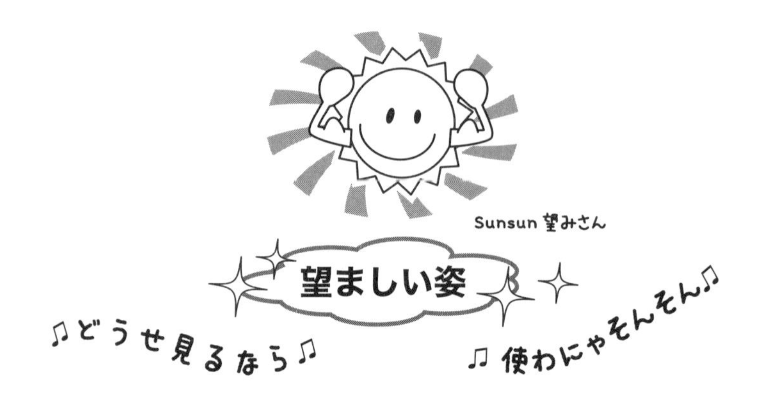
Sunsun 望みさん
望ましい姿
♫どうせ見るなら♫
♫ 使わにゃそんそん♫

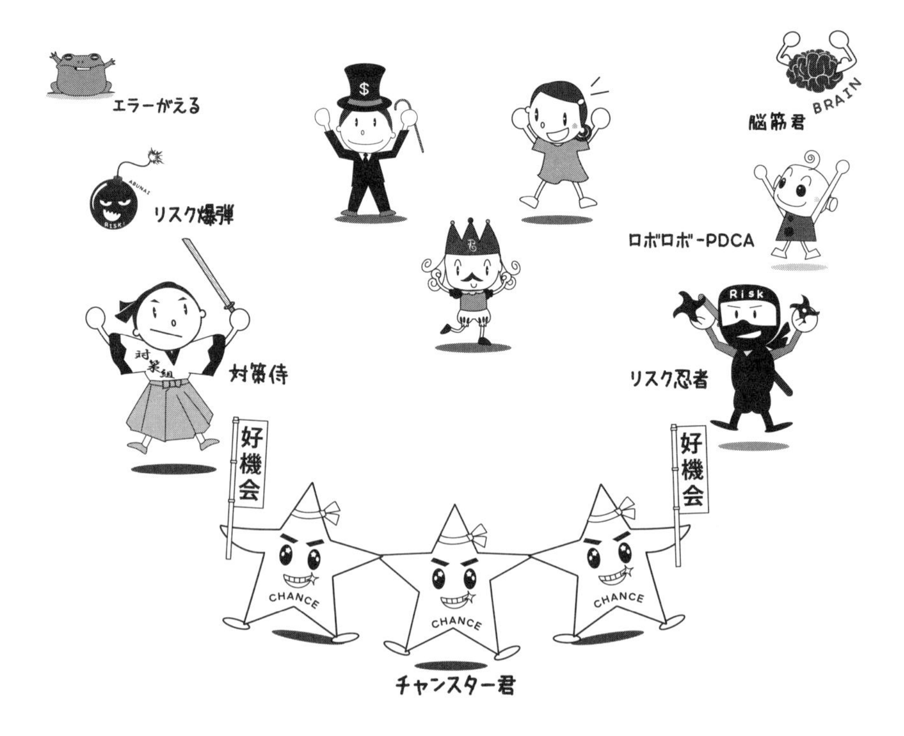
エラーがえる
$
脳筋君
BRAIN
リスク爆弾
ABUNAI
RISK
ロボロボ-PDCA
Risk
対策侍
対策組
リスク忍者
好機会
好機会
CHANCE
CHANCE
CHANCE
チャンスター君

参考文献

<規　格>

1) JIS Q 9001:2015 品質マネジメントシステム—要求事項
2) JIS Q 9000:2015 品質マネジメントシステム—基本及び用語
3) JIS Q 14001:2015 環境マネジメントシステム—要求事項及び利用の手引
4) JIS Q 19011:2012 マネジメントシステム監査のための指針
5) JIS Q 27001:2014 情報技術—セキュリティ技術—情報セキュリティマネジメントシステム—要求事項
6) JIS Q 31000:2010 リスクマネジメント—原則及び指針
7) JIS Z 8115:2000 ディペンダビリティ（信頼性）用語
8) ISO 9001:2015/Amd.1:2024 品質マネジメントシステム—要求事項—追補 1：気候変動対応

<書　籍>

1) 寺田和正，深田博史，寺田　博著（2016）：見るみる ISO 14001—イラストとワークブックで要点を理解，日本規格協会
2) 株式会社エーペックス・インターナショナル著（2001）：ISO の達人シリーズ［イソタツ］　ISO 9000:2000，株式会社ビー・エヌ・エヌ
3) 株式会社エーペックス・インターナショナル著（2001）：ISO の達人シリーズ［イソタツ］2　ISO 14000，株式会社ビー・エヌ・エヌ
4) 株式会社エーペックス・インターナショナル著（2002）：国際セキュリティマネジメント標準　ISO 17799 がみるみるわかる本　情報システムのセキュリティ対策規格をやさしく解説！，PHP 研究所
5) 国府保周著（2015）：ISO 9001:2015　規格改訂のポイントと移行ガイド，日本規格協会
6) ISO 編著（1997）：中小企業のための ISO 9000，日本規格協会
7) エリッヒ・ヤンツ著，芹沢高志・内田美恵翻訳（1986）：自己組織化する宇宙，工作舎

<ウェブサイト>

1) 公益財団法人日本適合性認定協会のウェブサイト https://www.jab.or.jp/
2) 一般財団法人日本規格協会のウェブサイト　https://www.jsa.or.jp/
3) ISO のウェブサイト　https://www.iso.org/

著者紹介

深田　博史（ふかだ　ひろし）

◦マネジメントコンサルティング，システムコンサルティングを担う等松トウシュ ロス・コンサルティング（現アビームコンサルティング株式会社，デロイトトーマツコンサルティング合同会社）に入社．株式会社エ　ペックス・インタ　ナショナル入社後は，ISO マネジメントシステムに関するコンサルティング・研修業務等に携わる．
◦現在は，株式会社エフ・マネジメント代表取締役．
◦元環境管理規格審議委員会 環境監査小委員会（ISO/TC 207/SC 2）委員［ISO 19011 規格（品質及び／又は環境マネジメントシステム監査のための指針）初版の審議等］
◦一般財団法人日本規格協会 “標準化奨励賞” 受賞

[主な業務]

◦マネジメントシステム　コンサルティング・研修業務
ISO 9001，ISO 14001，ISO/IEC 27001（ISMS），JIS Q 15001，プライバシーマーク，ISO/IEC 20000-1（IT サービスマネジメント），FSSC 22000（食品安全，HACCP），ISO 45001（労働安全衛生），ISO 22301（事業継続マネジメント）等
◦経営コンサルティング・研修業務
経営品質向上プログラム（経営品質賞関連），事業ドメイン分析，目標管理，バランススコアカード，マーケティング，人事考課，CS/ES 向上，J-SOX 法に基づく内部統制
◦ソフトウェア開発，e ラーニング開発，書籍および通信教育の制作

[主な著書]

『見るみる ISMS・ISO/IEC 27001:2022―イラストとワークブックで情報セキュリティ，サイバーセキュリティ，及びプライバシー保護の要点を理解』，『見るみる ISO 9001―イラストとワークブックで要点を理解』，『見るみる ISO 14001―イラストとワークブックで要点を理解』，『見るみる JIS Q 15001:2023・プライバシーマーク―イラストとワークブックで個人情報保護マネジメントシステムの要点を理解』，『見るみる食品安全・HACCP・FSSC 22000―イラストとワークブックで要点を理解』，『見るみる BCP・事業継続マネジメント・ISO 22301―イラストとワークブックで事業継続計画の策定，運用，復旧，改善の要点を理解』（以上，日本規格協会，共著）
『国際セキュリティマネジメント標準 ISO17799 がみるみるわかる本』，『ISO 14001 がみるみるわかる本』（以上，PHP 研究所，共著）

[株式会社エフ・マネジメント]

〒 460-0008　名古屋市中区栄 3-2-3　名古屋日興證券ビル 4 階
TEL：052-269-8256，FAX：052-269-8257

寺田　和正（てらだ　かずまさ）

◦情報システム開発・業務コンサルティングを担うアルス株式会社に入社.
株式会社イーエムエスジャパン入社後は，ISO マネジメントシステムに関するコンサルティング・研修業務等に携わる.
◦現在は，IMS コンサルティング株式会社代表取締役.
◦一般財団法人日本規格協会“標準化奨励賞”受賞

[主な業務]
◦マネジメントシステム　コンサルティング・研修業務
ISO 14001，ISO 9001，ISO/IEC 27001（ISMS），JIS Q 15001，プライバシーマーク，ISO/IEC 20000-1（IT サービスマネジメント），ISO 50001（エネルギーマネジメント），ISO 55001（アセット），ISO 45001（労働安全衛生），ISO 22301（事業継続）等
◦経営コンサルティング・研修業務
情報システム化適用業務分析コンサルティング，人事管理（目標管理，人事考課）コンサルティング等
◦ｅラーニング・研修教材・書籍の制作

[主な著書]
『見るみる ISO 9001—イラストとワークブックで要点を理解』
『見るみる ISO 14001—イラストとワークブックで要点を理解』
『見るみる JIS Q 15001:2023・プライバシーマーク—イラストとワークブックで個人情報保護マネジメントシステムの要点を理解』
『見るみる食品安全・HACCP・FSSC 22000—イラストとワークブックで要点を理解』
『見るみる BCP・事業継続マネジメント・ISO 22301—イラストとワークブックで事業継続計画の策定，運用，復旧，改善の要点を理解』
（以上，日本規格協会，共著）
『情報セキュリティの理解と実践コース』（PHP 研究所，共著）
『Q&A で良くわかる ISO 14001 規格の読み方』（日刊工業新聞社，共著）
『ISO 14001 審査登録 Q&A』（日刊工業新聞社，共著）

[IMS コンサルティング株式会社]
〒107-0061　東京都港区北青山 6-3-7　青山パラシオタワー 11 階
TEL：03-5778-7902，FAX：03-5778-7676

寺田　博（てらだ　ひろし，第１章のコラム執筆）

◦株式会社日立製作所入社後，バブコック日立株式会社呉研究所で石炭利用技術，燃焼技術の研究に従事，豊橋科学技術大学客員教授，日本電機工業会地球環境室長，東京農業工業大学講師等を務める．

◦国際標準化機構技術専門委員会（ISO/TC 207）委員の任に当たり，ISO 14001 環境マネジメントシステム規格および ISO 50001 エネルギーマネジメントシステム規格の制定・改訂に深くかかわる．その後，株式会社イーエムエスジャパン設立，社長就任．

現在 IMS コンサルティング株式会社　顧問．

［主な著書］

『見るみる ISO 14001―イラストとワークブックで要点を理解』（日本規格協会，共著），『石炭利用ハンドブック』（富士出版，共著），『石炭の流動燃焼』（コロナ社），『燃焼工学』（山海堂），『環境マネジメント便覧』（日本規格協会，共著），『ISO 14001 環境マネジメントシステム』（日刊工業新聞社），『機械工学便覧（法工学編　EMS 担当）』（日本機械学会），『ISO 14001:2004 要求事項の解説』（日本規格協会，共著）

■イラスト制作

株式会社エフ・マネジメント　深田博史（原案），岩村伊都（いつ）（制作）

見るみる ISO 9001
イラストとワークブックで要点を理解

2016年 6月 3日　第1版第1刷発行
2024年 11月 15日　　　　第9刷発行

著　　者　深田博史，寺田和正，寺田　博
発 行 者　朝日　弘
発 行 所　一般財団法人 日本規格協会
〒108-0073　東京都港区三田3丁目11-28 三田 Avanti
https://www.jsa.or.jp/
振替　00160-2-195146
製　　作　日本規格協会ソリューションズ株式会社
印 刷 所　株式会社ディグ

ISBN978-4-542-30663-9

● 当会発行図書，海外規格のお求めは，下記をご利用ください．
JSA Webdesk（オンライン注文）：https://webdesk.jsa.or.jp/
電話：050-1742-6256　E-mail：csd@jsa.or.jp